ディベート・フォー・アトミックプラント
―原子力をめぐる3人の討論―

河村　昌憲

現代図書

はじめに

　数年前、私たちは大きな破綻を目にしました。それは人間が人間としての尊厳をもって生きられる、全うな社会の破綻でした。自然が振るった暴力による破綻ではなく、人為が生み出した暴力による破綻でした。破綻の亀裂は、原子力発電所がそびえ立つ東北の小さな町を襲いました。2011年3月11日の福島第一原子力発電所事故です。その土地に生を受け、その土地で生きていくことを選んだ市民たちを、不条理なほどの惨事が襲ったのです。この惨事は、筆者を含めこの国に住むその他大勢の市民にとって、いかなる意味でも無関係ではありません。私たちは破綻を乗り越えられるのか、どんな世界を今後私たちは想像できるのか。

　このような問いへの1つの答えを出すため、3人の若者が集まりました。A君は京都出身。哲学を学ぶ大学生です。B君は東京出身で、理論物理学を研究する大学生。そしてC君は東北出身の大学生。社会学を学んでいます。

　さあ、3人の声が聞こえてきました。しばらく3人の議論に耳を傾けてみましょう。

目 次

はじめに……………………………………… iii
1. 福島事故後 ……………………………… 1
2. 自然の自己同一性 ……………………… 3
3. 研究室から社会へ ……………………… 7
4. 原子力という技術 ……………………… 8
5. 放射線と放射能 ………………………… 11
6. ウランとプルトニウム ………………… 14
7. 高速増殖炉と再処理 …………………… 18
8. アトムズ・フォー・ピース …………… 19
9. 原発事故 ………………………………… 24
10. 日本の原子力① ………………………… 27
11. 日本の原子力② ………………………… 29
12. 日本の原子力③ ………………………… 32
13. 日本の原子力④ ………………………… 34
14. 日本の原子力⑤ ………………………… 39
15. NPT① …………………………………… 44
16. NPT② …………………………………… 47
17. CTBT ……………………………………… 48
18. 核情勢① ………………………………… 49
19. 核情勢② ………………………………… 52
20. 2S ………………………………………… 53
21. 日本の原子力⑥ ………………………… 55
22. 日本の原子力⑦ ………………………… 58
23. 日本の原子力⑧ ………………………… 60
24. 日本の原子力⑨ ………………………… 64
25. 日本の原子力⑩ ………………………… 66
26. 日本の原子力⑪ ………………………… 71

おわりに …………………………………… 75

1. 福島事故後

A：日本では今、原子力発電の技術や思想について、本格的な議論がほとんど行われないまま運転再開が始まろうとしているね。主な理由は電力需給のひっ迫だ。数年前に福島であれだけの事故が起こったにもかかわらずだよ。原子力発電を続けるにしても止めるにしても、市民の議論がこれほど盛り上がらないのは危険じゃないかな。

C：僕もそう思う。ドイツが原発の全廃を決めたのは記憶に新しいよね。首相の背中を押したのは、哲学者や社会学者が構成する諮問委員会[1]だった。原子力の専門家はほとんどいない。官僚が専門用語をならべてまくし立てる日本とは大違いだよ。

A：今日は、原発の運転再開がなぜこれだけ急がれているのか、そもそも原子力が人間社会にとってどんな存在であるのか、3人で話し合いたいと思う。

C：僕は今、なし崩し的に進められてる再稼働審査に不安を感じてるよ。福島事故の後に政府や民間からいくつも事故調査報告書が出されていろんな対策がとられているようだけど、放射能への恐怖はぬぐえない。あの日以来、原発や放射能と聞くだけで精神的に不安定になってしまう友人だっているよ。

B：まず大事なのは、原子力や核というものの根本的な理解だろう。たぶん多くの人たちにとって、「原発や放射能は危険」、というイメージが

---

[1]「ドイツ・安全なエネルギー供給に関する倫理委員会」。2011年4月から5月まで、メルケル首相の委託により設置され、ドイツの脱原発を方向付けた。

強いはずだ。もちろん間違いない部分もあるんだが、それだけでは一面的に過ぎる。

C：原子には中心に原子核があって、ウランやプルトニウムの原子核を分裂させて巨大なエネルギーを得るというのは周知のことだ。それが原子力発電に利用できるということも、そしてそれがスリーマイル[2]やチェルノブイリ[3]や福島で惨事を引き起こしたということも、皆が知っている。チェルノブイリと福島ではIAEA[4]の国際事故評価尺度でいう、最悪の「レベル7」にあたるとされたね。いったいどこが危険じゃないと言うんだ？

B：確かに重大な原発事故がいくつも起きた。けれど、それは主として人為的なミスや天災によるものだった。原子力技術が未成熟だったっていう指摘もあるが、仮にそうだったとしても、今の原発は軽水炉[5]も黒鉛炉[6]も含めて格段に技術が向上しているよ。

　そもそも原子炉が核爆弾みたいに大爆発を起こすというのが完全に誤解だ。核爆弾は1億分の1秒の間に核分裂連鎖反応を終了させて一挙に温度を上げる。そして結果として爆発現象を起こす。だが原子炉はそうじゃない。核分裂から生じる中性子のスピードを落とすための減速材、つまり水を大量に使ってる。水には水素由来の陽子が多く含まれてるから、陽子とほぼ同じ重さの中性子のスピードを減速させる

---

[2] 1979年3月、米国のペンシルバニア州スリーマイル島で発生した原子力発電所事故。燃料棒の破損・溶融に至った。国際原子力事象評価尺度（INES）においてレベル5に分類された。
[3] 1986年4月、旧ソ連のウクライナ共和国で発生した原子力発電所事故。炉心溶融ののち爆発し、放射性降下物が広範囲を汚染した。国際原子力事象評価尺度（INES）において最悪のレベル7（深刻な事故）に分類された。
[4] 国際原子力機関。原子力の平和利用とその軍事転用を防ぐことを目的とする、1957年設立の国際機関。2005年、ノーベル平和賞受賞。
[5] 減速材と冷却材に軽水（重水に対して普通の水）を使用している原子炉。
[6] 減速材に黒鉛(炭素)を用いる原子炉。

のに適しているんだ。ビリヤードの要領だよ。

C：けれど、その減速材のおかげで中性子のスピードが小さくなっても、核分裂連鎖反応はねずみ算式に増えていくんだよね。減速材は連鎖反応の進行をただ緩やかにするだけだろ。

B：もちろんそうだ。そこで原子炉内の中性子の数が一定に保たれている状態、つまり「**臨界**」状態にしないといけない。ここで登場するのが**制御棒**だ。制御棒は中性子を強く吸収するような素材でできてる。例えばカドミウムなんかがそうだが、原子炉内には何本もの制御棒が挿入されて原子炉の暴走を防いでいる。それに加えて何重ものセキュリティシステムが原子炉を管理しているんだ。福島事故後の審査基準はもっと厳格になっているし、それに合格する原発は安全と言っていいんじゃないかな。科学立国日本の原子力技術は世界でも有数だよ。

2. 自然の自己同一性

A：…ちょっと待って。今聞いている限りで、忘れかけてた原発の基本的な構造を思い出せた。ただ、具体的な原子力政策や資源・経済問題に入る前に、もっと原理的な部分の議論を深めないといけない気がするんだ。

C：原理的って、どんなこと？

A：「自然の自己同一性」の問題だ。自然科学の哲学的問題だよ。

B：そんなところまで議論の射程に入れる必要があるのかな？　僕としては、原発再稼働の有意性を話したい。C君のような反原発派はスモール・イズ・ビューティフルを信奉する反科学主義者だ。昔ながらの左翼と言っていいね。

C：…いや、原発問題に対して哲学が登場するなんて、なかなか面白そうだね。どんな話題なんだい？

A：B君の言葉に出てきた「科学」こそが重要なテーマなんだ。僕たちの社会は科学、もしくは技術によって成り立っている。これは否定できない事実だ。そして特に20世紀後半以降の科学・技術力は、それ以前とは違った様相を呈してきてる。つまり、科学や技術が自然のバランス維持機構そのものを破壊する形で成り立つようになってきている、っていうことだ。

B：破壊だって？

A：ああ。3つほど例を挙げられる。例えば遺伝子操作がある。本来的に「決定されている」塩基配列に手を加えることで、特殊な機能を持った動植物を人類は産み出すことができるようになった。遺伝子組み換え作物なんかは代表例だ。
　　次に免疫抑制剤を挙げることができる。体内に入ってきた異物を異物として認識できないようにするわけだが、これは生命体が本来持つ生体防御反応を機能させないということだよね。臓器移植の際に活用されてる。

B：…で、第三に核エネルギーの開発というわけか。

2. 自然の自己同一性

A：そうだ。

C：なるほど…。**ウラン原子の原子核に中性子をぶつけて人為的に核分裂を起こさせる**なんて、第2次世界大戦を待たなければ生み出されなかった技術だよね。言わば、「原子の自己同一性」を人類は破壊したっていうことか。そして膨大なエネルギーを手に入れた。それに、そもそもプルトニウムは自然界には存在しない人工元素だしね。

B：君たちの言う通り、モノはそれ自身の「自然誌」を持ってる。意図した作為が外から加わらない限り変化しないっていう性質のことだ。ウランの核分裂連鎖反応は、自然界ではほぼ起こらないことは間違いない。確か20億年ほど前に1度、中央アフリカで「天然原子炉」が生まれていたっていうフランス原子力庁の報告があるのみだ。

　…しかしね、まるで君たちの言い方は、人類の原子力エネルギーの利用が「悪」だとでも言ってるように聞こえるな。それはおかしいんじゃないか？ 2011年に世界の原子力発電電力量は2兆5千億kWhを超えたよ。これは世界の年間電力消費量の13％以上をまかなったということだ。原子力発電は今や欠かせない電源になってるんだよ。特に化石燃料が乏しい日本においては必要不可欠だ。この部屋の電気だって、原発由来の電気かもしれない。

C：思うに、大事なのは人間は災害をどこまで受け入れることができるかということだ。原子力エネルギー自体には「善」も「悪」もない。たとえ核兵器でも、その物体・物質自体に善悪は関係がない。原子核は「分裂させないでくれ」なんて自己主張してないからね。問題は、それが人類を含めた地球生態系に害を及ぼす程度が、尋常ではないという点だ。

A：放射能と熱エネルギーの破壊力が、人類の存続をそもそも脅かすということだね。

C：そう。人為の及ばない災害・天災は、ある程度それを甘受することができるし、人間は歴史的にもそうしてきた。例えば地震は意思に関係なく必ず起こるのだから、あとは被害を最小にするのみだ。台風は人間の意思にかかわらず必ず発生するのだから、やはりあとは被害を最小にするのみだ。それらが大規模なものであっても、生活の再建ができなくなるほど大きくなることはない、という経験が僕たちにはある。

A：しかし原発事故はそうじゃない…。

C：その通り。福島第一原発の事故では10^{17}ベクレルの放射能がばらまかれた。放射能レベルが自然界のそれと同じレベルにもどるまで長い年月がかかる。今、福島第一原発が位置する双葉町と大熊町、あと放射能汚染が甚大だった浪江町は、日本の行政単位として実質的には消えたと言っていい。そこを故郷としてそこで生きていこうとしていた人たちの生活は、簡単には戻ってこない。福井県の**大館原発運転差し止め訴訟**[7]の判決で裁判官がこんなふうに言ってた。「土地に根を下ろした人間の生活こそが国富であって、これを取り戻せなくなることが国富の喪失だ」ってね。異例の判決文だよ。まったくその通りだと僕も思うよ。

A：ふむ…、戦後日本では、原発災害を甘受しようっていうような意思決定はなされていないわけだ。

---

[7] 2014年5月、福井地裁が大館原発3、4号機の運転差し止めを命じた判決。前年、関西電力が再稼働に向けて原子力規制委員会に審査を申請していた。

C：原発事故の甘受どころか、原発を稼働することでどんなことが起きるのかを理解していない人の方が多かったんじゃないだろうか。

3. 研究室から社会へ

A：確かに。原子力の「平和利用」という言葉がすべてを覆い隠してきたような気がするよ。「軍事利用」が「悪」、「平和利用」が「善」という図式が僕たちにはしみついてる。

B：ちょっと待ってくれ。軍事利用と平和利用の差はほとんどないことは僕も認める。核分裂反応を瞬間で引き起こすか、ゆっくり進ませるかだけの違いだ。だが、平和利用まで「悪」になるのなら、僕たちの生活を支えてる電気文明の何割もが「悪」だということになるぞ。

C：原子力発電技術は、その誕生の仕方に問題があったんだ。複数の科学者がすでに19世紀に核分裂の可能性に気づいてはいた。これを兵器として利用しようと国家に考えさせたのが、第2次世界大戦だったことは言うまでもない。

B：仮に戦争を契機としなくたって、原子力技術が成立するのは時間の問題だったんじゃないかと僕は思うけどなぁ。

C：確かにそうかもしれない。けれど、戦争がなければ、もっと慎重で何重ものフィルターをくぐって原子力は今日を迎えたはずだよ。通常、ある技術が、基礎研究から実用段階を経て社会に普及するまでにはい

くつもの段階を経る。経営学でいう「魔の川」の段階、つまり基礎研究から応用研究までの段階、次に「死の谷」の段階、つまり応用研究から製品化までの段階、そして、淘汰され限られた技術が社会で実用化される「ダーウィンの海」と呼ばれる段階だ。どの段階をとっても、ある技術が実用化に至るか否かは本来、不確定であるはずなんだ。しかし、戦争という異常事態が、この「川」も「谷」も「海」も飛び越えさせて、核技術を一挙に実用段階に至らせた。経済性や社会受容性は全く吟味されなかったし、その必要もなかった。

B：そうだ。戦争は完全に異常事態だった。けれど、だからこそ戦後、人類は核兵器の使用に縛りをかけて、一方で、恩恵をもたらす原子力発電という技術開発を押し進めたんじゃないか。欧米を中心にいくつもの企業が原子力発電産業に進出しては撤退していった。技術的に未熟なものは淘汰されていったわけだよ。

　原発が建設される地域ではもちろん大きな反対運動も起きた。けれど政府・事業者が、代わりに雇用や産業振興っていう恩恵を与えてきた。地元の原発推進派が選挙で勝って、町長や村長になる例もいくつもあったよね。

　とにかく、一方的に原子力技術をたたくのは不公平じゃないかな。

4. 原子力という技術

A：どうやらこのあたりで、今日の議論の根本にある、「原子力」というものの何たるかを明らかにしないといけないようだね。ウランとは何か、プルトニウムとは何か。放射能とは何か。何が危険なのか。核分

裂とはどういうことなのか。どこからそんなエネルギーが生まれてくるのか。多分、これらの理解がなければ原子力政策や核兵器の問題の本質には迫れないんじゃないかと思うんだけど、どうかな？

B：ああ、同感だ。

C：僕も異論はないよ。

B：まず、僕が説明しよう。そもそもなぜウランが核爆弾や原子力発電に結びつくのかだ。すべての原子には**原子核**がある。その原子核はさらに**陽子**と**中性子**から構成されている。原子核の周りには陽子と同じ数の**電子**が存在して、それぞれ正と負の電気的性質を打ち消しあっているから原子自体は電気的に中性なんだ。これは共通理解としていいよね。

C：ああ、それはわかってる。だが、なぜこの原子核が分裂するだけで巨大なエネルギーが生まれるんだろう。

B：重要なのは、重たい原子核ほど、つまり陽子の数の多い原子核ほど不安定だということだ。どうしてかというと、陽子はプラスの電気的性質を持っているんだから、原子核の中では互いに反発しあっているわけだ。これを「電気斥力」と言うよ。中性子は電荷を持たないから関係がない。ウランは陽子の数が多いから、そもそも「不安定」なんだ。**92個の陽子を持つウランは天然元素で最も重たい元素**だ。何かのきっかけがあればウランの原子核は分裂してしまう。

A：…そうか、その「きっかけ」が**中性子**なんだな。

B：その通り。前に「ビリヤード」に例えたけど、まさに原子核に打ち込まれた中性子が9つのボールをブレイクするように原子核を分裂させるんだ。中性子は電気的に中性だから、プラスの電荷を帯びた原子核に何の問題もなく近づくことができるからね。

C：…ちょっと待てよ。陽子がプラスの電荷を持って反発し合っているんだったら、なぜ原子核はそもそも壊れないんだ？　わざわざ中性子を打ち込む必要がなぜあるのかな？

B：いい質問だね。それは原子核の中で「**核力**」という力が働いているからなんだ。英語ではnuclear force。陽子と中性子の間、それに陽子同士・中性子同士の間でも引き付けあってる引力だ。反発し合う電気斥力よりもはるかに強いから、ふつう原子核が分裂することはない。身の回りの原子核がいちいち分裂してたらこの宇宙は成り立たないよね。この核力を世界で初めて解明したのが湯川秀樹[8]博士なんだ。

C：…なるほど、ウラン核をどうやったら分裂させることができるのかはわかった。**原子核に中性子を打ち込めばいいわけだ**。しかしまだわからないのは、ウランの核分裂が起こるとなぜ巨大なエネルギーが生み出されるのかということだ。そもそも原子核の大きさなんて10兆分の1cmくらいしかないはずだろ。想像もできないくらい小さいよ。これが分裂することで、どうして熱エネルギーが生まれるんだ？

B：その点こそが原子力エネルギーの核心だ。実は、原子核をバラバラにならないよう保っていた「核力」が、ばねのような性質を持っていることが重要だった。余計な中性子が原子核を揺さぶり始めると、この

---

[8] 1907–81年。日本の物理学者。1935年、陽子や中性子を結合させる中間子の存在を予言した。1949年、ノーベル物理学賞受賞。

ばねがはじけて膨大なエネルギーとともに内部のものが飛び散るんだ。ウラン原子核が分裂すると、ある原子核はストロンチウムとクセノンになったり、またある原子核はバリウムとクリプトンになったりする。

C：そうか、新しくできたどの原子核も、その陽子数を合計すると元のウラン原子核の陽子数92になるわけか。

B：そう。そして無数のウラン原子核が、ストロンチウムやクリプトンなどの無数の分裂片になってあらゆる方向に飛び散る。この**分裂片の運動エネルギー**の総和は想像できないくらい大きい。運動エネルギーはそのまま熱エネルギーになるから、熱はすごい勢いで外部に流れ出ていくんだ。核爆弾の炸裂した瞬間は1000万℃以上になると言われるよ。ウラン原子核が「砕けた」後のストロンチウムなどの分裂片、この分裂片の運動エネルギーが、原子力エネルギーと呼ばれるものの正体だよ。

A：…うーん、中性子が原子核を分裂させるっていう事実が、歴史を動かしたんだな。

5. 放射線と放射能

A：じゃあ次に、福島事故以来耳にしない日はない「**放射線**」。これについてはっきりさせよう。特に「**放射能**」というコトバとの違いがはっきりしない。

C：ここは僕が話そう。放射線には4つの種類がある。アルファ線、ベータ線、ガンマ線、そして中性子線だ。これらは分裂片から放出される。まず**アルファ線**の正体は「ヘリウム原子核」なんだ。陽子2個・中性子2個からできてる原子核で極めて「安定」してるから、ウラン核の分裂後も時間をかけてたくさん放出される。

A：アルファ線は確か紙切れ1枚で遮蔽できると聞いたことがあるんだけど…。

C：その通り。それはアルファ線が物質を構成する原子とよく反応するからなんだ。だから紙を構成する原子と反応してしまう。結果として、肺に吸い込まれたアルファ線は肺の細胞で電気的に反応して細胞を侵すことになる。

　次に**ベータ線**だが、これは「電子」そのものだ。原子核中の中性子が電子を放出して陽子に変わってしまうということが時に起こるんだけど、電子はまさに電荷を持ってるから、これも細胞を形成してる原子の電子と反応してしまう。細胞の電子は弾き飛ばされてがん細胞になる可能性が出てくるんだよ。

A：アルファ線とベータ線はつまり、つぶ状の粒子だということなんだね。じゃあ、ガンマ線も何かの粒子なのかい？

C：いや、**ガンマ線**は粒子じゃなくて「電磁波」だ。それも振動数の高い電磁波なんだ。紫外線やX線より振動数が大きい、つまりエネルギーが大きいから、物体をらくらく貫通してしまう。このときやはりそのエネルギーのせいで物体の電子と反応するんだ。細胞も影響を受けることになるよ。

A：最後の**中性子線**は、文字通り中性子ということかな？

C：そうだ。中性子の速度が十分に大きいと、ビリヤードの例みたいに陽子が弾き飛ばされる。ぼくたちの細胞にある陽子も弾かれて細胞の構造が変わってしまうから、やはりがん細胞化する可能性が出てくる。一方で中性子の速度がゆっくりしてる場合は、今度は中性子が原子核に吸収されて、さっきのベータ線が放出されるんだ。ベータ線は細胞の電子に作用するから、結局、中性子線もがんや白血病を引き起こす危険性がある。

A：放射線はすべて生物の正常な細胞に異変をもたらすことになるというわけか…。じゃあ、「放射能」というのはいったい何なんだい？

C：文字通り、放射線を放出する「能力」のことだよ。放射線を出す物質を「放射性物質」、同じ原子だけからできてる放射性物質を「放射性元素」と呼ぶ。「**放射性物質は放射能を持っている**」っていうことだ。

A：よく、「年間の許容被曝量は１ミリシーベルト」って聞くんだが、「ベクレル」とか「シーベルト」っていうのは、その放射線量の単位と考えていいんだよね。

C：ああ。どれくらいの放射線が放射されるのかを表すのが「ベクレル」、どれくらいの放射線が体内に入ったのかを表すのが「シーベルト」だよ。２つともヨーロッパ出身の科学者の名前からつけられた単位だ。

6. ウランとプルトニウム

A：それじゃあ、最後に確認したいことがある。原子力政策の議論を進めるうえで絶対に避けられない、ウランとプルトニウムという元素についてだ。Bくんが前にウランは最も重い天然元素だと説明してくれた。しかし元素の周期表を見ると、ウランより原子番号の大きい、つまり陽子数の多い元素がいくつかあるのがわかる。そしてその中にプルトニウムがある。陽子数94の元素だ。よく「**プルトニウムはウランより優れた核燃料**」だと言われるんだが、これはどういう意味なのか。

B：僕はウランが最も重たい「天然」元素だと言ったんだ。陽子数が93のネプツニウムから116のリバモリウムまでは「人工」元素なんだよ。人為的に「新たな」元素を大量生産することは難しい。だから鉱石のかたちで天然に存在するウランが、核燃料としてまず普及することになったのは当然だ。

A：なるほど。じゃあ、ウランについて話を進めたいんだが、1つ疑問なのは、核燃料を作るときにも核爆弾を作るときにも、「**ウラン濃縮**」という工程を経ないといけないよね。これはどういうことなのかな。天然ウランが部分的に濃かったり薄かったりするということなのか？

B：いや、「濃い・薄い」という話じゃないんだ。実はウランは「1種類」ではないんだよ。「**同位体**」っていうコトバを聞いたことがあるよね？「アイソトープ」とも言うが、**陽子の数は同じでも中性子の数が異なる元素**のことだ。つまり自然界には、陽子数が92個で中性子数が146個の**ウラン238**と陽子数が92個で中性子数が143個の**ウラン**

6. ウランとプルトニウム

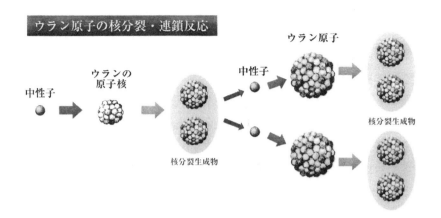

ウラン原子の核分裂・連鎖反応

235があるんだ。そして、重いウラン238が天然ウランの**約99.3％**を占めている。残りの**0.7％**がウラン235だ。

C：重要なのは、わずかな量のウラン235の方しか、核爆弾や核燃料として使えないということなんだよな。

B：その通り。**ウラン235の方が核分裂を起こしやすい**っていうのが理由だよ。**陽子数が偶数・中性子数が奇数**の関係にあるウラン235は、陽子数が偶数・中性子数も偶数の関係にあるウラン238より、なぜか核分裂しやすい。どうしてそうなるのかは、量子力学[9]という学問の領域に入っていくから正直僕にはお手上げだけどね。

A：そこで必要になるのが「ウラン濃縮」というわけか。核燃料体中のウラン235の割合を高めるんだね。

B：そうだ。ただ、一般に原発で使われる核燃料は、燃料全体に占めるウ

9）原子や素粒子などの物理現象を研究対象とする物理学の一分野。

ラン235の割合が3〜5％程度でいい。これが核爆弾ということになると、割合を100％近くまで高めることになる。

A：…待てよ。ウラン235の割合を高めても3〜5％程度だということは、核燃料の大半は核分裂しないウラン238なんだよね。かなり非効率というか、無駄なことをしてるんじゃないか？

B：そこが現代の原子力技術の真髄さ。分裂しない「無能」なウラン238を有効利用できる技術を人類は発見した。有効利用どころか、ウラン238にしかこの役割は担えない。

A：つまり、プルトニウムと何か関係があるということだね？

B：その通りだ。結論から言うと、**ウラン238からしかプルトニウムを産みだすことができないんだ**。原子炉内では、当然、ウラン238も中性子を吸収する。だが、ウラン235と違ってウラン238は核分裂を起こさないんだよ。結果、中性子が1つ増えただけでウラン239になる。

C：…で、それがどうしてプルトニウムになるんだ？

B：**ウラン239は中性子の数が多すぎてベータ崩壊する**んだ。C君が前に説明していたように、中性子が1つ陽子に変わって、電子が放出される現象だよ。すると陽子数93、中性子数が146のネプツニウムになる。**ネプツニウム**はさらにベータ崩壊して、陽子数が94、中性子数が145の**プルトニウム239**になるんだ。そしてこれを最後に、もうプルトニウムはベータ崩壊しない。

A：なるほど。なぜウラン238からプルトニウム239が生まれるのかは

わかった。2度のベータ崩壊がその理由なんだね。最後に知りたいのは、プルトニウム239がウラン235より優れた核燃料だと言われる理由だ。確か、広島型原爆はウランが、長崎型原爆はプルトニウムが利用されたんだよね。

B：**ウラン235が核分裂すると平均して2.5個の中性子が放出される。しかしプルトニウム239が核分裂すると、平均2.8個の中性子が放出される**んだ。おまけに、プルトニウムの方が核分裂を起こしやすいんだよ。

C：つまり、核爆弾においてはその威力がウラン型より大きくなるというわけだ。臨界量も少なくて済むことになりそうだな。

B：核兵器の問題はまたあとで触れよう。プルトニウムには原発運営においてとっても重大な利点がある。有限な資源である天然ウラン、つまりウラン238を節約できるっていうことだ。さっき、プルトニウムはウラン238からしか産み出されないと言った。そしてそれは有限だ。では、できるだけ少ない量のウラン238からできるだけ多いプルトニウム239を産み出せば、ウランは節約できるし、プルトニウムという効率の良い核燃料が作り出せるし、一石二鳥だ。

C：…なるほど。ここで主役に躍り出てくるのが、「**もんじゅ**」というわけか。

7. 高速増殖炉と再処理

B：ああ。福井県にある**高速増殖炉**だ。高速度の中性子をウラン235やプルトニウム239にぶつけると、核分裂して消費されるよりも**分裂せず蓄積されるプルトニウムの方が多くなる**っていう現象を利用した炉を、高速増殖炉と呼ぶんだ。核燃料を使いながらも同時に核燃料が増えていくんだよ。まさに夢の原子炉じゃないか！

A：そこまで高速増殖炉にこだわるってことは、通常の原発からはプルトニウムは産み出されないということかな？

C：いや、日本にあるどの原発からもプルトニウムは産み出されてるんだが、量がきわめてわずかなんだ。「**使用済み核燃料**」**にはウラン235とプルトニウム239がそれぞれ約1％ほどしか含まれていない**。そこで主役となるのが「もんじゅ」。政府は国内の通常の原発を、順次高速増殖炉に代替していくつもりだったようだ。

　そして、原発推進派にとって手放せないもう1つの主役が、「**再処理工場**」なんだよね。

A：青森県六ヶ所村の原発関連施設だね。各地の原発から送られてきた「**使用済み核燃料**」**にわずかに残ってるウランとプルトニウムを取り出す**ことのできる施設…。取り出されたウランとプルトニウムがまた各地の原発で核燃料として利用されるわけだ。そしてプルトニウムは濃縮工程なしで核爆弾にも転用できる。

B：政府も核兵器への転用なんて考えてなどいないよ。原子力はあくまで平和利用に限るべきさ…。希少なウラン235とプルトニウム239を

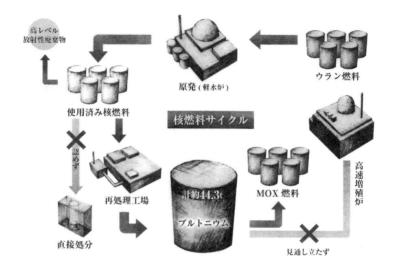

リサイクルしながらエネルギーを産み出す「核燃料サイクル」を、日本は早く軌道に乗せるべきだ。

A：原発、高速増殖炉、再処理工場…。福島の原発事故を経験してもなお日本が追い求める「核燃料サイクル」っていうものがどういうものなのか、少し見えてきたね。

8. アトムズ・フォー・ピース

A：さて、このあたりで、議論を具体的な政策論に進めたほうがよさそうだね。
　僕たちの暮らすこの社会が今後、原子力発電を維持していくべきな

のか、そうでないのか。

　あるいはこの二者択一そのものが短絡な思考であるのか。これを突き詰めたいと思う。

B：ああ、異論はないよ。

C：僕もだ。

A：じゃあ、まず次のことに焦点を当てよう。日本が、いったいどんな経緯で原子力発電を国家政策として採用するに至ったのか、っていう根本的な問題だ。いかなる経緯で原子力発電電力量が世界第3位にまで上りつめることになったのか。世界で最初の被爆国である日本がだ。そこからどんな恩恵を受け、どんな損害を被ったのか。そして「核燃料サイクル」をどこに位置付けて考えるべきなのか。

B：すべては1953年さ。1953年の米国から、すべてが始まったんじゃないかと僕は思ってる。つまり、国連総会でアイゼンハワー米国大統領が行った「**アトムズ・フォー・ピース（Atoms for Peace）**」演説がその始まりだ。日本では「**原子力の平和利用**」と訳されてる。医療や発電への原子力の応用を米国が国際的に進めて、同時に国際原子力機関（IAEA）の設立を提言したものだ。核兵器という原子力の軍事利用だけじゃなく、発電という人類への恩恵も米国は同時に考え始めたっていうことじゃないだろうか。

A：確か1955年には、原子力の平和利用を希望する友好国には実験用原子炉建設の半額を援助する、っていう方針も打ち出していたかな。

B：そうだ。米国は核兵器の開発配備だけを進めてきたんじゃないってい

うことがこれでわかってもらえるはずだ。「平和」を念頭に置いた政策もしっかり進めてたんだよ。

C：本当にそうかな？　この年代の国際情勢を振り返れると、それには胡散臭さを感じるな。

B：どういうことだ？

C：1953年はソ連のスターリンが死んだ年だ。「鉄のカーテン」の向こう側の最高指導者が死んだんだ。ソ連指導部は「平和共存」[10]のテーゼを掲げて、軍縮提案などの外交攻勢に出ていく時期と重なる。米国としては、米国こそが平和の砦だというイメージを流布する必要に迫られたんじゃないか？

　加えて1954年3月にはビキニ環礁水爆実験で、日本の第五福竜丸が被曝する事件が起きてる。日本では直後から核兵器反対運動が沸き起こって日米関係は冷え切った。日本が「反核運動のシンボル」として世界から見られることは、米国には不都合だったはずだ。

A：つまり君は、米国がソ連への対抗上、世界の目を核兵器からそらして「原子力の平和利用」に向けた。そして日本の反核運動が反米・親ソ運動に転換しないように、「平和」な原子力発電所の売り込みを始めた、と言いたいわけだな。

C：その可能性が十分にあるということだ。当然、米国の原子力関連企業は日本を将来有望な市場として考えていただろうし、米国政府は敗戦国日本への原発輸出を原子力平和利用のシンボルとして国際的に宣伝

10）1956年、ソ連共産党のフルシチョフが示した姿勢。資本主義と共産主義が共存し得ることを内容とした。

したかっただろう。政治家にとっては、特に日本への原発輸出は象徴的な意味で有権者へのアピールになっただろうしね。

A：なるほど。米国には腹黒いところがあったかもしれないということか。ではその時期、日本側はどんなふうに対応したのか、教えてもらえないかな。

B：当時日本国内では、ビキニ環礁の水爆実験を受けて原水爆禁止日本協議会などの反核組織が設立された。当然、日米関係はぎくしゃくし始めることになる。ただ、あくまで日本の社会運動は「反核」であって、「反原発」にはならなかったみたいだね。正力松太郎[11]みたいに原子炉導入を政治的経済的に活用しようと考える起業家もいれば、米国との関係を深めるために米国製原子炉を受け入れようとする官僚たちもいたんだ。日本側も一枚岩じゃなかった。

　とにかく、日本も原発を積極的に導入しようとしていたんだよ。米国悪玉論は的外れさ。

C：そうとは言えないよ。日本は1955年に米国と「旧日米原子力協定」を締結してるね。**核燃料や原発資材を、十分な技術を持つ特定の国家から購入して援助を受けることを約するのが「原子力協定」**だ。

B：原子力協定に何か問題でもあるというのかい？　旧協定では、米国から供給される原子炉や核燃料が軍事利用されていないことを明示するために、その使途を米国に報告したうえで、米国からは査察員を派遣する、っていう措置がとられた。米国は核兵器の拡散を防ぐような策をしっかりとって、世界平和に貢献しようとしていたじゃないか。

---

11) 1885-1969年。日本の政治家、実業家。元読売新聞社社主。自民党、財界、米国政府に大きなコネクションを持ち、日本の原発導入に奔走した。

C：いや、それでも僕は協定に関して2つの問題があるように思う。まず第一に、これで日本は完全に米国の「市場」になったという点だ。そして技術的にも経済的にも政治的にも米国に従属することになった。協定締結の4年前にはサンフランシスコ講和条約[12]と日米安全保障条約[13]が、5年後には安保条約改定が行われてる。

B：「従属」という表現は適切なのかな？ 米国の指導を仰いで、いろんなことを学んだ。米国は「先生」だっていう方が正しいんじゃないか？

A：…まぁ、国際政治の話はまたあとでしよう。「日米原子力協定」のもう1つの問題というのは何かな？

C：それは協定そのものより、協定発効と同時に日本で成立した「**原子力損害賠償法**」[14]の問題だ。特にその4条、電力会社に原子炉などを提供している製造メーカーは、原発事故の際の賠償責任を負わない、っていう規定だ。この意味がわかるよね？

A：つまり、電力会社だけが賠償責任を負って、政府や製造メーカーは負わないと…？

C：そう。いわゆる「**責任集中の原則**」。政府もメーカーも責任を負わないなんて、どれだけ原発の安全性を過信していたのかを如実に示すものだよね。

---

12) 1951年、日本と連合国48か国の間に結ばれた条約。日本は独立したが、沖縄は米国の施政下に置かれた。
13) 1951年締結の条約。米軍の日本駐留が定められた。
14) 1961年成立。原子炉の運転等で損害が生じた際の被害者を救済する制度を規定する。

B：待ってくれ。それは、被害者が賠償責任の相手方を簡単に知ることができるようにするという配慮だろ。メーカーは下請け、孫請けまで含めていったらとてつもない数になるんだから、電力会社1社相手に訴訟が起こせれば煩雑さはなくなるじゃないか。

C：問題なのは、この規定が当時、米国側から提示された条件だったという点だ。1950年代の日本にはまだ原子力発電所を自力で作る力はないから、米国製の原子炉を輸入するしかない。米国のメーカーとしては原子炉設備のトラブルで事故が万一起これば、巨額の賠償金を支払わなければならなくなる。

A：日本の電力会社を間に入れて、賠償金を肩代わりさせようとしたっていうことか。米国メーカーにとってはすごく好都合だね。

C：アイゼンハワーの「アトムズ・フォー・ピース」は、米ソ冷戦を勝ち抜くための政治外交手段であり、原子力市場を手に入れるための経済外交手段でもあったんだよ。

9. 原発事故

B：確かに、原発メーカーには製造物責任法[15]の適用もないのはまずいと僕も思うよ。けれど、日本の3大原発メーカーが製造する、つまり**東芝**と**日立**、それに**三菱重工**が造る原子力発電所が、前より厳しくなっ

---

15) 1994年成立。製造業者の過失の有無にかかわらず、欠陥商品から生じた被害を受けた者を救済することを目的とする。

た安全審査を経た現在、また福島第一原発のような事故を起こすなんて考えられるかな？「想定外」はもう起きないんじゃないかと僕は思うな。

C：まったく、君の言葉は「ラスムッセン報告」を彷彿とさせるな。いつまでそんな技術信仰を続ける気なんだよ！

A：「ラスムッセン報告」っていうのは…？

C：1975年に公表された「原子炉安全性研究（RSS）」の通称だよ。米国原子力委員会が発表した。重大な事故が起きる可能性は必ず残るが、その可能性はとても低いということを強調した報告書だ。報告では、米国の原発で重大事故が起きた場合、上限として急性死者13000人、一時的不妊200万人、急性障害者18万人、そして永久立退き面積1500km²とされたんだ。まさに破滅的な被害だよ。けれど一方で、そんな事故が起きる可能性は10^{-8}分の1、つまり1億分の1とされた。確か「隕石が米国の人口密集地に落下して死者が出るのと同じ程度」っていうふうに表現されたはずだ。

B：その通り。隕石が人に当たる確率だよ。真剣に考えるのが馬鹿らしいほど起こりそうにない話だ。

C：その「起こりそうにない」ことが現実に起きたじゃないか！　スリーマイル原発事故はラスムッセン報告のわずか4年後だぞ。1986年には旧ソ連のチェルノブイリ原発事故、そしてぼくたちの身近で起きた「3.11」だ。君はこれをどう考えるんだ？

B：僕は、原子力発電という技術自体は、「原理レベル」では何も問題は

ないと思っている。あくまで「付随的レベル」でトラブルが起きたということだ。例えばスリーマイル島では、イオン交換樹脂移送用の水が計装空気系に混入したことがきっかけで最終的に炉心溶融まで進んだが、これは核分裂連鎖反応を原理的にコントロールできていないという話ではなかった。チェルノブイリでもそうだ。制御棒の設計欠陥と運転員の判断ミスが起こしたもので、これも原理レベルのものじゃなかった。

C：君の言う「原理レベル」と「付随レベル」というカテゴリー分けは、はたして一般の市民にとって意味はあるのかな？　その区別を使うなら、どの原発事故も「付随レベル」から起きた事故になって、「原理レベル」でのトラブルではないから「問題なし」とされてしまうよ。福島第一原発ではまさに地震と津波っていう、直接原発とは関係ない事象から事故が誘発された。確か地下の非常用ディーゼル発電機が海水に浸かって故障したんだよね。問題は発生原因の抽象的なレベル区分じゃない。安全か安全じゃないかなんだ。

A：「確率の低さ」イコール「安全」じゃないということだね。どれだけ確率が低くてもゼロでない限り事故は起こり得る。当事者にとっては「100かゼロか」でしかない。

B：だからこそ今、「想定外」を想定できるよう、電力会社・製造メーカー・政府が一丸となって技術開発と人材育成を進めているんじゃないか。「原発は危険である」という思考からすべてを始めて無限に最悪の事態を想定していったら、もう設計なんて不可能になるよ。

C：それはわかってる。だから、事故が起きたときの影響が、化石燃料の発電施設なんかと桁違いだから原子力発電は危険だっていう話をして

いるだろう。

10. 日本の原子力 ①

A：…ちょっと待った。多分このままいくと、原発が危険か危険でないかの堂々巡りになりそうだ。一般市民の感覚からすると、「3.11」を経験した現在において、何万もの人が放射能のせいで故郷に帰還できず、これからどれだけの人にどれだけの健康問題が生じるのかもわからないなかで、日本の原発は安全であり輸出も進めていくっていう政府の考えは理解できない。B君がどうしてそこまで原発維持にこだわるのか、安全面以外の点から根拠を話してもらってもいいかな？

B：わかった。原子力発電を続けていくメリットはたくさんあるよ。まず第一に、**環境負荷がとても小さい**という点だ。火力発電所なんかは化学反応でもって熱エネルギーを得ているから、温室効果ガス、つまり石油や石炭由来の二酸化炭素や二酸化硫黄の排出量が多いというのは周知の通りだ。原発はその点、核分裂反応からエネルギーを得ているからそういう心配はない。

C：まさに教科書通りの説明だね。1997年の「京都議定書」[16]でCO_2の排出枠が決められて以降は、まさに君の解説通りに原発の意義が喧伝された。しかし、次のように考えることができる。ウラン採掘から運搬、核燃料への加工工程を考えると、結局そこからかなりの温室効果

---

16) 1997年に京都で開催された気候変動枠組条約第3回締約国会議で合意された文書。温室効果ガスの削減目標を数値化した。

ガスが排出されているっていうことだ。

A：それに、原発が出す温排水の問題もあるよね。

C：そう。タービンを回した水蒸気を冷やして水に戻すために海水が引き込まれてるんだが、当然、高温の蒸気で、その海水が今度は高温になる。そのまま海に戻されるのが原発の「**温排水**」さ。世界には400基以上の原子力発電所がある。これが地球温暖化に一役買っているっていう説がある。いろんなデータが公表されているが、とにかく原発の温室効果ガス排出削減効果には疑問符が付くな。

B：まぁ、不確かなデータからはいろんなことが言えるさ。もちろん検討の余地はあるけどね。

A：じゃあ、原発の他の利点は何かな？

B：原発の第二のメリットは、**経済効率がとてもよい**という点だ。福島の事故直後、政府は原子力発電コストの再評価を行ってる。それによると、追加安全対策や事故リスク対策費を含めて1kW当り8.9円という試算結果になったんだ。これは石炭やLNG発電が9円から11円かかることに比べると十分に安い。そして2015年の4月には経産省が新たな発電コストの試算を発表した。君も見ただろ？ 2030年時点の原発では1kW当り10.1円に上がったが、全電源の中でやっぱり一番安くなったんだ。石炭と天然ガスが13円前後、石油は29円から41円、風力や太陽光発電が12円から20円さ。つまり原発はあまりお金がかからない電源だっていうことなんだよ。

C：僕も政府のコスト評価は読んだけど、果たして妥当な見積もりなの

かな？

A：どこか問題があるのかい？

C：まず、根本的に「再処理政策」が維持される前提でコストが試算されてることが問題だ。そのうえさまざまな費用が除外されて計算されてる。例えば再処理から生じる回収ウランの処理コストやウラン燃料製造工程のコストが入っていない。廃炉処理費用も、日本の実績と海外の事例から考えると設定が低すぎる。そして一番重大なのは、六ヶ所再処理工場の操業停止を見込んで計画されてる「第二再処理工場」の建設費が含まれていないってことだ。これは巨額の資金が必要になるはずだよ。

A：政府の試算は保守的に過ぎるということか。

C：ああ。8.9円や10.1円ごときで済むはずがない。おまけに今後何万年も管理しないといけない放射性廃棄物の問題もある。純粋に経済的な視点から言えば、原発なんて市場で商品になるはずがないんだ。

11. 日本の原子力 ②

A：…では、原子力発電所の運営コストがもっと大きいとすると、どうして日本で原子力発電所が「商品」になりえたのかを考えないといけない。どうして日本列島に50基もの原発が現存してるのかっていう疑問だ。…B君、何か言いたそうだね。

B：…ああ。百歩譲って、原発が他の発電方法より高額になるとしよう。それでも原子力発電には大きなメリットがある。長期的には、やはり化石燃料を使った発電よりも安くなるはずさ。

C：どういうことだ？

B：原発は資源効率がとてもいいっていうことだ。正確に言うと、「**核燃料サイクル政策**」が実現すれば資源効率が飛躍的に高まるっていうことだ。

A：前にも話に出た「核燃料サイクル」だね。ここでもう一度整理しよう。通常の原子力発電所から出た「使用済み核燃料」には、ウラン235とプルトニウム239がほんのわずか含まれてるんだったよね。

B：そう。それをそのまま地中埋設処分なんかするともったいないわけで、何とか回収して有効利用できないかと考えるのが当然さ。まず**使用済み核燃料から両者を取り出す作業**が必要だ。その作業を「再処理」と呼ぶ。

A：それが青森県の「六ヶ所再処理工場」で行われる予定なんだね？

B：ああ。2014年に入ってから稼働審査が進んでる。六ヶ所再処理工場が稼働すれば、**年間800トンの使用済み核燃料が処理可能**だ。同時に**年間8トンのプルトニウムが産出できる**。

C：稼働審査はいいんだが、「再処理」という工程が技術的に簡単だとは思えないな。使用済み核燃料といえば、高レベルの放射性物質の塊だ。そのまま放置すれば、自然界に影響のない放射能レベルに下がる

まで約10万年を要する。人間がそばに立ってると20秒ほどで死に至るらしいじゃないか。

B：もちろん技術的に難しい工程さ。けれど日本では技術開発と改良を重ねて実用段階に達しようとしてる。これまでは英国とフランスに再処理を委託してきたわけだが、いよいよ国内で行うことが可能になるんだ。それに使用済み燃料からのプルトニウムの分離は、日本が米国との交渉で獲得した重要な権利だ。この権利を放棄するなんて考えられないよ。

　そしてもう1つ、「再処理」に加えて、日本は「高速増殖炉」を実用段階にもってこようとしてるんだ。

A：燃料で使ったプルトニウム以上のプルトニウムを産み出すっていう、あの原子炉のことだね。

B：そう。**高速度の中性子をウラン235やプルトニウム239にぶつけると、核分裂して消費されるよりも、分裂せず蓄積されるプルトニウムの方が多くなる**っていう現象を利用した炉のことさ。そういう原子炉を「高速増殖炉」と呼ぶんだ。福井県敦賀市にある「もんじゅ」がその原型炉として稼働予定なのは周知のことさ。今全国にある軽水炉を高速増殖炉に順次代替していけば、日本はすばらしくエネルギー効率の良い社会に生まれ変わることができる。「核燃料サイクル」の完成だ。化石燃料みたいに、為替相場や産出国の輸出制限のような貿易リスクも心配しなくて済むようになるし、まさに理想的なエネルギー政策じゃないか！

C：…まぁ、待ってくれよ。「六ヶ所再処理工場」と言い「もんじゅ」と言い、そもそも両者とも稼働してないわけだよね。君が興奮するのは

勝手だが、君が言っていることは今のところすべて仮定の話だということを忘れちゃいけない。六ヶ所再処理工場は1997年に完成だったはずだ。それからもう20年近く過ぎてる。建設費も当初7600億円くらいだったはずだが、確かもう2兆円を超えてるよね。「もんじゅ」に至っては、ずさん管理が何度も暴露されて操業の見通しがまったくたっていない。夢物語を追いかけてる間にどれだけの税金が使われたのか計算して、国民に賠償した方がいいんじゃないか？

B：再処理も高速増殖炉も予定通りに事が進んでいないのは認める。けれど今の状況は言わば過渡期なんだ。核燃料サイクル実現は、米国も放棄した難しい政策だ。現在公的に実現を目指している国は、日本とフランスだけだ。過渡期を乗り越えるための代替手段はすでにとられてるわけだし、僕も含めた日本国民、市民にはもうしばらく我慢してもらいたいな。

A：…その「代替手段」っていうのは、「**プルサーマル発電**」のことを言ってるんだね？

12. 日本の原子力③

B：そうだ。プルトニウムと天然ウランを混合して造った燃料を普通の原子炉、つまり**軽水炉**で使用して発電する方法さ。高速増殖炉まではいかないまでも、やはり天然ウランの節約に一役買ってる有効な政策だよ。この混合燃料を「**MOX（ウラン・プルトニウム混合酸化物）燃料**」と呼ぶよ。プルトニウムはもちろん、日本ではまだ抽出できない

から、フランスと英国の再処理工場に委託して手に入れてる。

C：「天然ウランの節約」か…。核燃料サイクルを実現したいためには、なりふり構わずどんなことでもやるっていう執念すら感じるね。

B：どういう意味だい？

C：プルサーマルの経済的メリットは全くないっていうことだ。それどころかかなりの費用がかかってる。原発で使い終わった使用済み核燃料をまずフランスに輸送する時点で高コストだ。それを再処理してもらって、おまけにMOX燃料として再び輸入するわけだから、相当のコストを要する。実施主体のAREVA（アレバ）社にとって日本の電力会社はいいお得意様だよ。それでもプルサーマルを続ける意味があるのか甚だ疑問だ。

A：確か、プルサーマルは2010年度までに電力各社が16～18基で実施する目標だったけど、実際にできたのはわずか4基だったよね。

C：ああ。高浜3号機、伊方3号機、玄海3号機、それと福島第一3号機の計4基だよ。だから結果として「規模の経済」も働いてないうえに、福島第一原発事故が起きた。今、稼働審査が申請されてる原発に、プルサーマル発電が可能な原発が多いのには、明らかにプルサーマル再開を目指す意図が見て取れるよ。

B：プルサーマルは高速増殖炉が稼働していない段階の次善の策だよ。あくまで「もんじゅ」が稼働するまでの「つなぎ」役さ。確かに今はコストがかかってるが、増殖炉が稼働すればそれもずっと下がる。それに六ヶ所再処理工場に加えて、同じ敷地内にあるMOX燃料加工工場

も2014年に審査に入った。こっちが稼働すれば、もう海外でMOX燃料を作って再輸入するような手間もかからなくなる。すべては順調に進んでいるように僕には思えるけどね。

A：確か、最近稼働審査に入った**青森県の大間原発**は、MOX燃料を原子炉に100％入れる「フルMOX」原発として話題になったね。

B：これまでのプルサーマル発電では炉内の3分の1までしかMOX燃料を入れられず、残りは普通のウラン燃料だったからね。

C：ポイントは大間原発は青森県にあるっていう点だな。六ヶ所村のMOX燃料加工工場を利用しようとしてるのが見え見えだよ。

B：燃料の移送コストと時間が節約できるんだ。すべては経済効率さ。

C：経済効率と人命は同じ天秤にのせられるものなのかい？ 再処理工場とMOX加工工場、それに高速増殖炉が稼働したとして、東日本大震災級の災害が将来これらの施設を襲ったとき、いったい何が起きるのか考えたことがあるのか？ 大げさな話じゃなく、人類の生存にかかわるような被害が発生するんじゃないか？「ラスムッセン報告」を超えるような破滅的な事態を、僕たちは絶対避けないといけないよ。

13. 日本の原子力④

A：さて、ここで一度話を整理しよう。最初僕たちは原子力エネルギーと

はどういうものかを確認した。そして「アトムズ・フォー・ピース」演説からどのようにして原発導入がなされてきたかを考え、原子力発電の是非を議論してきた。そうしていると、原子力発電の是非そのものよりも、もっと大きな「**核燃料サイクル**」という問題が議論の俎上に上ってきた。「サイクル」とは「環（わ）」のことだ。僕たちが話してきたのはその前半部分、つまり、核燃料の加工から使用までのいわゆる「**フロント・エンド**」と呼ばれるところまでだ。核燃料サイクルの「**バック・エンド**」、つまり使用済み核燃料と放射性廃棄物の「処分」過程も、一般市民の生活や国家政策に直結する重大なプロセスであり、議論しなければいけない問題だ。ここからはその「バック・エンド」について話し合いたいと思う。

B：まず、「**使用済み核燃料**」と「**放射性廃棄物**」とは別物だっていうことを認識しなくちゃいけない。おそらく多くの人がこの区別ができていないと思う。

A：…確かに、今しゃべった僕も厳密な理解はできてないな。

B：「**使用済み核燃料**」は原発から搬出された直後の燃料集合体だ。だから、内部には**ウラン235とプルトニウム239**がわずかずつ残ってる。これをこのまま放置すると、自然界の放射能レベルに下がるまで約**10万年**かかる。

　「放射性廃棄物」は高レベルのそれと低レベルのそれに分類されているが、「高レベル放射性廃棄物」っていうのは**使用済み核燃料を再処理してウラン235とプルトニウム239を取り除いたもの**のことだ。およそ**数千年**で安全な放射能レベルに下がる。

C：使用済み核燃料のほうは、今日本に**約14000トン**が貯蔵されてるよ

ね。約11000トンが各地の原発敷地内に、残り3000トンは六ヶ所再処理工場敷地内だ。これらは核燃料サイクル推進派にとってはまさにかけがえのない「財産」ということになるな。

B：まぁ、表現次第で印象は変わるけど、そう言っても差し支えはないね。ここからプルトニウムとウランが精製できるわけだからね。

A：B君としては、この14000トンと、今後も生じる使用済み核燃料をすべて再処理して、高速増殖炉や通常の軽水炉で核燃料として使っていきたいということだね？

B：当然だ。これまで話してきた通り、核燃料サイクル実現が日本の進むべき道さ。しばらくはプルサーマル政策でいかざるをえないだろうが、六ヶ所再処理工場稼働の暁には国内でプルトニウムが精製できるようになるんだ。日本が原子力大国になる日はもうすぐさ。

C：…「原子力大国」か。ドイツは原発の段階的全廃を決めたっていうのに、福島原発事故の当事国が原発再稼働を目指して突き進んでるっていうのは、まっとうなことなのかな。ましてやベトナムやトルコに原発を輸出しようともしてる…。極めつけは日本が最近、**原子力賠償条約**に署名したことだ。

A：原子力賠償条約…？

C：加盟国で事故が起きたとき、共同で賠償額を補完するっていう内容だ。1997年に採択されていたが、20年近く経ってこれがいよいよ発効する。

B：図らずも発生してしまった事故に対して皆で対応しようっていうんだ。結構なことじゃないか。何の問題があるっていうんだ？

C：前に話に出た、「原子力損害賠償法」の言わば国際版だよ。原発事故の責任は電力会社に限られて、**製造メーカーには及ばない**っていう規定があるんだ。これを世界規模で適用するとどういうことが起きるか、わかるだろ？

A：…つまり、メーカーは原発機器を安心して海外に輸出できるようになるってことか。日本国内での新規建設が見込めない一方で、原発の輸出は大いに進む可能性があるわけだ。

C：その通り。メーカー側のモラルハザードを招いて事故防止の取り組みがおろそかになりはしないかということさ。

B：考えすぎもいいところだよ。原発はこれから途上国にどんどん建設されていくんだ。世界が豊かになるための条件を整える枠組みなんだぞ。君は貧しい国々の人たちが富を得ていくことに反対しようっていうのか？

C：…君とはどうしても分かり合えないみたいだな。
　　僕もそろそろ本題に入ろうと思う。2つの論点をここで提起したい。

B：左派お決まりの、原発即時全廃を持ち出すんじゃないだろうね？

C：僕も即時に全廃できるとは思っていないよ。段階的に廃止することは可能だろうけどね。

B：じゃあ、2つの論点というのは何だい？

C：まず1つ目のテーマとして、使用済み核燃料の再処理政策を中止すること、つまりプルトニウムの分離政策を放棄する選択肢を話し合ってみたいと思うんだ。2つ目はそれに関連して、今日本が保有している使用済み核燃料を「**直接処分**」すること、これはつまり「**再処理**」を**せず安全なかたちで地中に廃棄する**政策のことだが、これが可能かどうかっていうのが論点になる。

A：なるほど。プルトニウムを分離し続けるなら、元となる使用済み核燃料が必要だから、原子力発電を続けないといけないっていうことだね。逆に「再処理」を止めれば、何万年もの管理を要する使用済み核燃料は不必要などころか、原発自体を維持する理由が1つ失われる。

B：再処理放棄と直接処分か…。言うまでもないけど、両者とも全く認めるわけにはいかないな。

C：どうしてだい？　B君得意の経済効率を理由にしてみても、再処理政策を維持する方がコストがかかるんだよ。2011年の原子力委員会の試算では1.98円/kWhだ。使用済み燃料を直接処分するとおよそ半分の1円/kWhになるようだよ。

B：何度も言うようだけど、今は核燃料サイクル実現までの過渡期なんだ。サイクルが回り始めればコストはグッと下がるはずだ。それに、ウラン鉱石は今のまま採掘を続けるとおよそ85年後には枯渇するんだ。核燃料サイクルはその節約にも大いに資するんだよ。

C：そうかなぁ。原子力発電自体を止めれば、それが一番資源節約に資す

るんじゃないかと僕は思うんだけどなぁ。

A：…ちょっと待って。多分、コストと資源の話はこのまま堂々巡りが続く気がするな。ここではより政治的な部分に焦点を当てて議論したい。

B：そうしよう。

C：異議なし。

14. 日本の原子力⑤

B：まず根本的に、使用済み核燃料からのプルトニウム分離政策は、米国との長期間の外交交渉の末に手に入れた日本の最重要な権利だということを覚えておいてほしい。**核兵器保有国以外で「再処理」とプルトニウム利用の自由を認められてるのは日本だけ**なんだ。1988年の改正・日米原子力協定がその承認の証だよ。

C：1974年にインドが原子力発電技術を応用して核実験を行ったのは知ってるね？ こうして原子力平和利用から核拡散が現実のものとなった後も、日本はプルトニウム平和利用計画を推進し続けた。厳しい外交交渉を経て取得した権利なのはわかるが、それを盾に現状維持を図るなら何も変わらないじゃないか。確か協定は30年経過後、つまり**2018年で効力が失われる**はずだ。これを機に日本はプルトニウム分離政策と高速増殖炉を放棄すべきなんじゃないか？

A：2018年…。わずか数年後だね。…そう言えば、2013年の春に大阪府と市がつくった有識者会議が、「2030年には原発をゼロにする」っていう提言をしてたと思うけど、同時に、2015年度中に将来のエネルギー政策を決めるための国民投票を実施することも求めていた。これは多分、協定の期限切れも視野に入れての戦術だろうね。

B：いや、協定は延長すべきだし、きっとそうされるだろう。米国にとっても、日米安保条約成立から60年以上付き合いのある日本に、不利なことをそうそうするはずないじゃないか。

C：それはわからないぞ。最近も米政府高官が日本のプルトニウム保有残高上昇に懸念を示してた。日本はすでに海外蓄積分を含めて**44トンのプルトニウムを保有**しているのは知っているだろ。これは長崎に投下されたプルトニウム型原爆がおよそ5000発作れる量だ。これだけですでに東アジア諸国からは疑惑の目を向けられてるんだぞ。

A：その疑惑というのは…、日本が核保有を行うんじゃないかという疑惑と考えていいんだね？

C：その通りだ。今はまだ高速増殖炉は動いてない。増殖炉が動いていない状態で六ヶ所再処理工場と各地の原発が稼働を始めれば、さらにプルトニウム保有量が増えていく。米国とてこれまで通り日本のプルトニウム分離を快くは思わなくなるはずだよ。

B：そんなことはない。2006年から電気事業連合会[17]が、六ヶ所再処理工場で分離予定のプルトニウムについて電力各社の「利用計画」を発

17）日本の電力会社の連合会。電気事業運営の円滑化を図るため、1952年に設立された。

表しているんだ。余剰プルトニウムは持たないという意思表示さ。「利用計画」のどこを読んでも核開発なんて書かれていない。

C：あくまで「計画」だろう？ 現実にはプルトニウムは使用されないまま蓄積されてきたじゃないか。稼働審査が進んでいる六ヶ所再処理工場が動き始めれば、さらに使う当てのないプルトニウムが分離されていく。東アジア、特に韓国からの批判に、日本はもちろん、米国も耐え切れなくなるぞ。

A：米国が耐え切れなくなるというのは、どういう意味だい？ 日本が耐え切れなくなるのはわかるんだが…。

C：**米韓原子力協定**さ。そこでは、米国は実質上、韓国にプルトニウム分離を認めてない。韓国側からは長年、日本にだけ再処理を認めているのはダブル・スタンダードだっていう批判があるんだ。日本が余剰プルトニウムをこれ以上増やせば、韓国からの批判も手伝って、米国は使用済み核燃料再処理への同意を停止することが考えられる。イランに関して行ってきた核不拡散努力も無駄になるしね。僕としてはこの同意停止がきっかけでも構わない。とにかく日本が再処理政策を放棄して、核武装の懸念を払しょくすべきだと思う。

B：同意停止か…。実際、米国がそんな極端な判断をする可能性はとても低いさ。米国が再処理への同意を撤回するときは、例えば、日本がNPT保障措置協定の重大な違反を犯すとか、もっと言えばNPT脱退を宣言するとか、そのレベルの話になる。加えて、これは日米だけの問題にとどまらない可能性がある。2013年の夏、**フランスのAREVA社**が、日本原燃と核燃料サイクル施設への技術協力強化に向けた覚書を結んだんだ。AREVAは日本と関係が深い。日本がプルトニウム分

離を進められるよう米国にも働きかけるはずだよ。

C：歪んだ政官財複合体だね。

B：「歪んだ」とは失礼だな。日本経済をけん引する主要産業の1つが原子力発電ということだよ。三菱重工はAREVAと中型路部門で提携してるし、東芝は米国のWesting House社を買収した。日立も米国のGeneral Electric社の原子力部門をすでに統合してる。米国政府が日本の再処理に「ノー」と言うはずはないね。

　それに、君は「日本が核武装する」なんて簡単に言ってるけど、「核兵器を持つ」っていうことは、北朝鮮やイランみたいに国際的に制裁されることを意味するんだぞ。国民が賛成するわけないじゃないか。

C：少し前、与党上層部がこんなふうに言ってた。「核兵器を保有せずに抑止力を持つ」ってね。この言葉を君はどう考える？「核武装の能力があると認められることは安全保障上の意義がある」とも言っていた[18]。確かに、君の言う通り、日本が現実に核兵器を保有する可能性は、短期的にはないだろう。けれど、"いざとなれば核開発は簡単ですよ"と唯一の被爆国がほのめかして、アジア諸国を威圧するこの状況はどうなんだい？

B：不安定な東アジア情勢を生き残るためには現実的な方法なんじゃないか？　あくまで強調してるのは「抑止力」なんだ。だれも本当に武装するとは言ってないだろ。それにだよ、日本が再処理を止めたからと言って、他国が核武装を止めるとは限らないさ。

18）自民党の石破茂政調会長(当時)が、「報道ステーション」(2011年8月16日)やSAPIO誌2011年10月5日号で主張した。

C：「抑止力」か…。日本が再処理を止めて使用済み燃料を処分する方が、むしろ「平和」を盾にした「抑止力」になるんじゃないのかなぁ。

B：いずれにしても、僕はむしろ非核兵器国の日本が核燃料サイクルを維持することにプラスの側面が大きいように感じるよ。日本が模範となって、世界に民生平和利用の核燃料サイクル政策を示すことができるんじゃないかっていうことだ。「日本版アトムズ・フォー・ピース」さ。

C：君のは「アトムズ・フォー・セキュリティ(安全保障)」じゃないのかい？ それに「アトムズ・フォー・エコノミー」も見え隠れするよ。原子力発電所の建設は巨額のお金が動く。日本の大手三社だけじゃない。例えば原子炉建屋の受注はすべてが大手ゼネコンが請け負ってるよね。下請けをたどっていくといったい何社にのぼるのか見当もつかいない数の企業が絡んでくる。癒着と腐敗と天下りの温床だ。

B：企業が儲かって何が悪いんだい？ 国際原発市場は競争が激しいんだ。欧米に加えて**ロシアのROSATOM社、カナダのCANDU社、韓国の電力公社**、そして中国企業も力をつけてきてる…。インドを中心に、将来の経済大国からの原発受注にどの国も躍起になってるんだ。国策として日本もどんどん原発産業を活性化させるべきさ。日本の「非核兵器国による核燃料サイクル」は、平和利用の政策として「売り」になるはずだよ。

C：百歩譲って、日本企業の業績が良くなるのはよしとしよう。けれど平和問題についてはそうはいかない。いかに平和利用を謳おうと、再処理施設は潜在的な核保有能力につながるんだよ。サイクル施設を所有する国が増えれば増えるほど、それだけ核拡散が現実的になる。韓国

が再処理の権利を主張することに正当性を与えることになるわけだ。韓国が将来核武装すれば、その矛先は日本に向けられるかもしれない。それは「右」寄りの君にとってまさに避けたい事態じゃないのかな？

15. NPT ①

A：ここで、韓国、米国、そしてインドも巻き込んだ国際政治が話題に出てきたね…。世界には400基以上の原発が存在する。ここで原子力を巡る国際情勢に少し目を向けてみたいと思うんだけど、どうかな？

B：いいだろう。原子力問題を考えるうえで、国際情勢は不可欠なテーマだ。

C：そうだね。特にNPTは外せないテーマだ。

A：NPT…。**核兵器不拡散条約**のことだね？　確か1970年に発効した条約だったと思うけど、原子力発電を話題にしてるのに、核兵器が直接関係あるのかな？

C：大ありだよ。NPTの3本柱の1つが、まさに「原子力の平和利用」を掲げてるんだ。

A：3本柱？

15. NPT ①

C：そう。まず第一の柱が「**核不拡散**」。つまり米・ロ・英・仏・中の5大国以外には核兵器を持たせないっていう原則だ。これがNPT最大の眼目さ。

A：随分差別的な内容だよね。

B：ああ、だからその取引として5大国以外に「**原子力の平和利用**」の権利を認めてる。これが第二の柱だよ。そしてもう1つが核兵器国の「**核軍縮交渉義務**」。5大国は核軍縮を進めるため交渉を行わないといけないっていう取り決めだ。後者2つはNPTの差別的な性質を緩和するための規定なんだ。

C：NPT体制は核兵器を管理する一方で、原子力発電を推進する体制でもあるんだよ。

A：なるほど…。しかし、軍事利用も平和利用も含めて、いろんな対立が起こりそうな内容だね。

C：もちろんだ。確かに、成立から45年間、NPTのおかげである程度世界の核武装を制限できた側面はある。けれど、核保有国と非保有国の間に当然大きな遺恨も残してる。非保有国は米ロの核軍縮が進まないことに不満があるんだ。未だ米ロで核弾頭1万5千発以上だ。非保有国が原発推進を強調する背景には、この不満があるはずだよ。

A：「核不拡散」についてはどんな対立があるんだい？

C：根本的に、なぜ5大国しか核武装が認められないのかっていう問いさ。その5大国は第2次世界大戦の戦勝国であり、国連安保理の常任

45

理事国であるわけだよ。はっきり言うと、「覇権国」を気取って世界秩序を牛耳ってるんじゃないかっていう疑問だ。

B：待ってくれ。今日の世界には国際連合がある。曲がりなりにも多国間協議の場があるじゃないか。資源や地政学的位置によって国力に差が出るのは当たり前の話なんだから、「覇権国」は言いすぎだよ。

C：そうかな？　米ロの戦後史を見れば、そんなことは言えないんじゃないかと思うけどね…。

　それに、5年ごとに行われてるNPT運用検討会議を見ろよ。毎回、核兵器国と非保有国の対立の場になってるじゃないか。米国は一方の代表格だ。もう一方はイランやエジプトが引っ張ってる。2015年に次の会議が開かれるけど、大きな対立構図は変わらないような気がするね。

B：それはわからないぞ。2011年の初めに、米ロ間で新START[19]が発効したのは知ってるだろ。2018年までにICBM[20]やSLBM[21]を各々800基と700基の規模に減らすんだ。戦略核弾頭も1550発まで削減する義務を負ってる。僕はもう少し穏やかな検討会議になる気がするけどね。

---

19) 第4次戦略兵器削減条約。米国とロシア間で発効した核軍縮条約。2018年までに、ICBMやSLBMを各々800基と700基に減らすほか、所有する核弾頭をそれぞれ1550発に減らすとしている。
20) 大陸間弾道ミサイル。
21) 潜水艦発射弾道ミサイル。

16. NPT ②

A：5大国以外の核武装を禁じようとする「核不拡散」が、NPT最大の狙いだっていうことはわかった。じゃあ、それは具体的にはどういうふうに実施されてきたんだい？

B：IAEAが行う査察さ。まずNPTの非保有国はIAEAと「**包括保障措置協定**」というものを結ぶ。するとその締約国には、自国の核物質を申告して、それをもとにIAEAが行う査察を受け入れる義務が発生するんだ。これで、核物質の軍事転用や原子力発電施設の目的外使用を防止できる。もちろん、日本にも毎年IAEAの査察官が入国して査察が行われてるんだよ。

A：けれど、未申告の核物質があれば、お手上げっていうことにならないかい？

B：そう。まさに90年代にイラクと北朝鮮の核問題でそこが議論になった。そこで1997年にIAEAの権限を強化した「追加議定書」が作成されている。締結が義務付けられているわけじゃないんだが、今や100カ国以上が批准してるよ。

C：でも、ここでも不平等があるよ。核保有国には「包括保障措置協定」の締結は義務付けられていない点だ。確かに自発的に適用している国はあるみたいだけど、あくまで自発的だからね。それに、追加議定書で核保有国が受諾してるのは、確か、核物質や資機材の輸出入の報告程度だったはずだ。非保有国が課されてるような包括的な情報提供なんかは義務じゃない。

B：確かにその通りだが、NPTはそもそも当時現存していた核兵器保有国をこれ以上は増やすまいとする窮余の策としてひねり出された制度なんだ。どうしても不平等な点が残る点は避けられない。君みたいにNPT批判ばかりしてると、それこそ北朝鮮やイランの核武装を後押しするような結果になるんじゃないか？

C：僕は北朝鮮やイランを支持してるわけじゃない。NPT体制が、米国やロシアが核放棄を選択しえないような、言わば"核文化"を固定化してしまった点を非難してるんだ。それを証拠に、包括的核実験禁止条約（CTBT）は未だに発効していない。署名開放が1996年だから、もう20年近くが経ってるんだぞ。

17. CTBT

A：CTBT…。**包括的核実験禁止条約**だね？ 地中や水中、宇宙空間すべてを問わず、一切の核実験を禁ずる条約だったね？ どうして発効できていないんだい？

C：条約の発効に必要な発効要件国のいくつかが未批准か未署名だからさ。当然、米国は未批准だ。「核なき世界」を訴えてノーベル平和賞をとった当の米国がこのざまで、本当にそんな世界が実現するのかな？

B：米国が批准してないのには理由がある。中国も批准してないからさ。米中冷戦の可能性が今後ある以上、やすやすとCTBT批准はできないよ。

C：この期に及んでも君は米国ベッタリなんだね。米国はCTBTを批准して中国に圧力をかけるべきなんだよ。そして中国はそれに続くべきだ。するとそれが、他の発効要件国の批准と署名を促すことになる。

A：なるほど。米国と親しいイスラエルと、逆に敵対関係にある北朝鮮がそれぞれCTBTに参加する可能性が出てくるわけか。中国が批准すれば、敵対関係にあるインドが署名・批准するだろうし、インドと敵対関係にあるパキスタンが今度は署名・批准するということだね？

C：その通りだ。CTBTはNPTと違って、条文で核保有国と非保有国が不平等になる条約じゃない。僕は、NPTはもちろん、CTBTにはより期待してるんだ。

A：あと、核兵器禁止条約（NWC）が注目されてるっていう話を聞いたことがあるよ。

C：潘基文(パンギムン)・国連事務総長が推してる政策だね。その他にも、兵器用核分裂性物質生産禁止条約（FMCT）。多分、どれ１つとして単独で成立するようなものじゃないだろう。すべてが関連し合って機能する、いや、機能させるべき国際条約なんだ。

18. 核情勢①

A：NPTやCTBTを少し深く探ってみると、単に社会の授業で勉強してきたことより複雑な背景があることがわかるね。特にNPTは1970年代

以降の世界の核体制を形作ってきたみたいだ。
　じゃあ、NPTの2本目の柱、「原子力の平和利用」についてはどんな管理体制ができてるんだろう？

B：まず、「アトムズ・フォー・ピース」の張本人である米国に注目しないといけないだろうね。原発輸出をするにあたって、米国は今日まで手放しで売り込みまくったりなどしてないんだよ。例えば、演説翌年の1954年の「原子力法」では、米国起源の核物質を受領する国にしっかりした物理的セキュリティの維持を求めてる。78年には核不拡散法を制定して、相手国にIAEA包括保障措置協定の水準に従った措置を採ることを求めてもいるよ。

C：…それは1974年のインドの核実験[22]に驚いたからだろ？　あれは民生用原子炉を利用して成功させた核実験だったね。世界がみすみす6カ国目の核武装をゆるしてしまったわけだ。98年にはパキスタンとともにまた核実験をしてる。

A：そうか、インドはNPTには未加盟だったね。

C：そうだ。それに、インドについては最大の問題がある。2008年に米国と結んだ原子力協力協定だ。これは世界の核・原子力政策に影響を与える大変な問題だぞ。

A：ふむ…、どういうことか教えてくれないか？

C：人口増と経済成長が著しいインドで儲けようって考えた連中の進めた

22）1972年にインドが初めて行った核実験。カナダによって提供された天然ウラン燃料の原子炉から生じたプルトニウムが使用された。

政策だよ。インドが「民生用」と認めた原子力施設はIAEAが査察を行う一方で、代わりに米国は核燃料や技術をインドに供与するっていう内容だ。つまり、軍事用の原子力施設には査察は入らない。インドは核兵器を放棄する義務は負わないうえに、核物質や技術を享受できるんだ。

　ポイントは、インドがNPT未加盟だという点だよ。通常は、未加盟国に対してそんな協力は道義的にできないし、やらない。米国を筆頭に、インドで大儲けをしようと企んだ政府や企業がひねり出した協定だよ。

B：いや、待ってくれ。今回の協定の発効には正当性がある。「原子力供給国グループ（NSG）[23] 45ヵ国が全会一致で了承したんだぞ。NSGはNPT未加盟国に原子力技術の輸出を禁止するために構成された合議体だ。正当性が高いんじゃないかと思うがね。

C：そうかな？　1国でも反対すれば発効できなかったんだ。米国や英国が圧力をかけて、日本も賛成してしまった。「両国に雇用を、インドに電力をもたらす」なんて謳われたけど、要はインドを原子力市場にしたい企業や政府のダブル・スタンダードじゃないか。この後、パキスタンの態度は完全に硬化してしまった。自国が"核兵器国"だと認知された場合に限りNPTに参加すると言ってるし、インドのCTBT署名を自国の署名の要件にもしてる。米国自身が、曲がりなりにも保たれてきたNPTという秩序を台無しにしてしまったんだよ。

---

[23] 1974年に結成された多国間組織。核不拡散を目的として、原子力関連資機材・技術の移転を規制している。

19. 核情勢 ②

B：…百歩譲って米印原子力協定がダブル・スタンダードだったとしよう。だが、今回の協定には有意義な点もある。

C：有意義だって？

B：ああ。インドはすでに核兵器を保有していたという点が重要だ。一たび手に入れた核兵器という存在を放棄させることは簡単じゃない。

A：つまり、すでに核武装した国を核不拡散体制に組み込んでいくための現実策だと言いたいんだね？

B：そう。米国はそれを現実的に担保するためにヘンリー・ハイド法[24]を整備したんだ。この法律で、インドが核実験を行えば原子力協力を停止すると定めた。だから、今回の米印協定はインドの核実験の機会を実質的に奪う役目も持ってるんだ。

C：ルールは簡単に曲げられるっていう誤ったメッセージを発信してまで、そんなことをした理由を教えてほしいな。大企業の利潤のためなんだろ？ それに、安全保障上もインドの核武装は中国へのけん制になるよね。将来の中国との対立を考えると、インドが味方になれば米国にはプラスになる。中・印は宿敵だからね。ひょっとすると、中国をにらんで、いずれは日本でも核兵器を…なんていう話になるかもしれないぞ。

---

[24] 2006年成立。IAEAの包括的保障措置が実行されない核兵器国以外の国には、原子力協力を行わないという、米国原子力法の例外を認めた法律。

20. 2S

B：君はどうしても原子力や核に異論があるわけだね。まず原子力の平和利用について、君の疑念を払しょくしたいな。最近は原子力の安全について国際的な規範や制度が整備されつつあるんだ。いわゆる"2S"だ。

C："2S"？ …聞いたことがないな。

A：確か…、１つはSafety（セーフティ）、もう１つはSecurity（セキュリティ）。「原子力安全」と「核セキュリティ」のことだったかな。

B：そうだ。最初の**「原子力安全」**っていうのは、原子力発電所の安全な運営・管理を目標とするものだよ。「事故通報条約」や「事故援助条約」が1980年代に締結されてる。重要なものとしては、96年成立の「原子力安全条約」。原発の推進機関と規制機関を厳格に分離するよう求めてる。加えてもう１つの**「核セキュリティ」**は、「核物質防護条約」と「核テロ防護条約」が２本柱だ。防護条約は、国内の核物質も条約の対象とした点で画期的だよ。原発の安全性を高めたうえでテロ行為も防ごうとしてるんだ。結構な政策じゃないか。いったいどこに問題があるっていうんだ？

C：多国間取り決めが悪いなんて僕は言ってないさ。こういう国際条約でどれほど外堀を埋めても、やはり「フクシマ」が避けられなかったという事実を強調したいんだ。

　まず根本的に、原発事故は被害が破滅的なものになり得る事実を考えてもらいたい。再処理施設の事故に至ってはたぶん地球規模の被害

になる。

　それにテロ行為。使う当てのない余剰のプルトニウムが日本に44トンあるっていう現実を思い出してもらいたい。

A：日本で核テロが起こるかもしれないっていうことかい？

C：そう。核分裂性物質を強奪する核テロは、何も海外や映画の中の話だけですまないんだよ。高レベル放射性核廃棄物から分離されたプルトニウムは、第3国や非国家勢力にとって最高のターゲットだ。2011年に核脅威イニシアティブ（NTI）が世界32カ国の核物質保安体制を調査して順位を付けた。日本はなんと**32か国中の23位**だ。理由として、プルトニウム保有量が多い、関係施設が多い、海外から核物質を輸送している…。これらが挙げられてるよ。

B：誰かが日本でプルトニウムを強奪するとでもいうのかい？　そんな馬鹿なことあるわけないだろ。

C：こういう話に疎いのは、世界でも日本人くらいだよ。移送中のプルトニウムを奪うよりも、より現実的なのは原発施設へのテロ行為だ。例えば福島第一原発では、地震で全交流電源が喪失したことに加えて非常用のディーゼル発電機の大半が機能を失ったね。それが施設の冷却機能を奪って炉心溶融を引き起こしたっていう話は記憶に新しい。

A：…そうか、つまりこれまで核テロ対策の重大な対象だった**原子炉を直接攻撃しなくても、電源を喪失させれば炉心を溶融させることができる**ってことが、福島第一原発ではっきりしてしまったっていうことだな。

C：その通りだ。米軍三沢基地に近い六ヶ所再処理工場は、航空機事故の危険を避けるために日本で唯一航空機の衝突に耐えられるよう設計されてるらしい。けれど、航空機テロへの対策としては、もう意味がなくなったっていうことだよ。

B：待ってくれ。そこまでくると、君はまるでSecurityの国家間枠組みが無意味だと言ってるように聞こえるんだがな…。

C：そうじゃない。現実に世界中に400基以上の原発がある以上、そういう枠組みに意味はあるさ。重要なのは、それがあくまで過渡期の政策だと、人間社会全体が認識できるかどうかだと思うんだ。NPT3本柱の1つ、「原子力の平和利用」が過渡期の政策だっていう認識だ。

21. 日本の原子力⑥

A：ここまでの議論から明らかになったのは、C君が提起した日本の「再処理」政策中止の是非は、東アジアの国際政治に直結する、いや、アジアにとどまらず米国の外交政策や世界の核不拡散体制にまで話が及ぶみたいだ。
　ここで僕が気になるのは、今までの話に出てきてない**「自治体」**というアクターの存在だ。地方自治体は再処理政策にどんな態度を示してるのかを知る必要があるんじゃないかと思う。なぜなら、「直接処分」政策には、自治体が大きく関わってくると思うからだ。

B：どうして地方自治体が「直接処分」に関わってくるんだ？　現行法で

は、**一時貯蔵を経た後、使用済み核燃料はすべて再処理する**ことになってるじゃないか。日本では根本的に「**直接処分**」は認められてないんだぞ。

A：それはわかってるよ。ただ、「高レベル放射性廃棄物」の方については、NUMO[25]（ニューモ）が自治体への公募をすでに始めてるよね。**高知県東洋町**が2007年に受け入れに名乗りを挙げて大きな騒ぎになったのは記憶に新しい。

C：そう。今後、六ヶ所再処理工場の稼働審査の結果如何では、「使用済み核燃料」の処分も論点として浮上してくる可能性がある。なにせ今日本には使用済み核燃料が14000トンあるんだ。膨大な量だよ。六ヶ所再処理工場が動き始めたとしても、これが滞りなく処理されていく保証は全くない。

A：そもそも六ヶ所再処理工場の処理速度はどれくらいなのかな？

C：前にも少し触れたけど、問題なく稼働したとして、**年間約800トンの核燃料が再処理できる**。ということは、今ある使用済み燃料を処理するだけでも18年を要するってことだ。そして**14000トンの燃料は、各地の原発にあるプールで冷却されながら六ヶ所再処理工場への搬出を待ってる状態**さ。もう貯蔵能力の限界に近づいてる原発もある。その六ヶ所再処理敷地内の3カ所のプールにもすでに3000トンの使用済み燃料が入ってる。

A：…そうすると、六ヶ所再処理工場はかなり「自転車操業」的な運営に

---

25) 原子力発電環境整備機構。2000年に設立された日本の法人で、高レベル放射性廃棄物の地層処分事業を行うことを目的としている。経済産業省所管。

なりそうな気がするね。

C：その通り。六ヶ所再処理工場のプールが空いたら送られてきた使用済み燃料が次々とプールに入れられて、そしてプールが空いたらまた…っていう計画だよ。とても危うい体制だと思うよ。…ずばりB君、再処理工場の稼働を急ぐのは、資源節約とかエネルギー効率の良さが理由じゃないんだろう？　各地の原発の使用済み燃料貯蔵対策が理由なんじゃないのかい？

B：…まぁ、そういう側面がないと言えば嘘になるな。それは認めよう。しかしね、君は青森県と六ヶ所村がどう言ってるのかを知ってるのか？　もし再処理をしないなら、使用済み核燃料を各地の原発に送り返すって言ってるんだ。英仏からの返還廃棄物も受け入れないし、広大な土地と海域と産業を失った分の損害賠償を国に請求するともね。そうしたら日本中の原発が停止することになってしまう。これは大変なことだぞ。

A：原発が立地してる自治体は、使用済み燃料の貯蔵はなるべく避けたいんだよね？

B：当然だ。すべて六ヶ所再処理工場に搬出する前提で原発は運営されてたからね。最近も、原発の立地市町村長でつくる団体[26]が原発再稼働と核燃料サイクル進展を国に求める要望書を提出してるくらいだ。

A：そもそも、使用済み燃料はどんな状態で保管されてるんだい？

---

26) 2015年4月、「全国原子力発電所所在市町村協議会」が要望した。

B：今、各地の原発で貯蔵されてる燃料は「**湿式**」と呼ばれる貯蔵方式がほとんどで、プールの水の中で冷却してる状態だ。数年の冷却期間を経てから六ヶ所再処理工場に送り出す予定だったんだ。

C：とにかく、再処理工場の稼働を早めたい政府・電力会社の意図は、使用済み燃料の貯蔵が限界に近づいてきてるからさっさと処理してしまいたい、っていうシンプルな意図らしい。原子力協定の期限が来る2018年に、プルトニウム分離政策が不可能になる可能性もあるし、そもそもプルトニウムの分離は「**核不拡散**」という世界の潮流に逆行したものだ。今は制度的に不可能でも、どんな処分方法があるかを考えておくことは重要なことだ。

22. 日本の原子力⑦

A：使用済み燃料の直接処分について重大な論点が２つあるように思う。まず、その技術が未確立だという点。その技術開発を進めていかないといけない。そして最大の問題は、どこを最終処分場とするのか、っていう点。原発立地地域が最終処分場のリスクまで引き受けるのかっていう問いだ。

C：処分技術については、基本的に**深い地層への埋設処分**になることは間違いない。金属やコンクリートで何重にもコーティングしたうえで深地層に埋設する。最大の課題は地下水だ。これがコーティングを腐食させるからね。地下水が少なくて、何万年も安定した岩盤がそもそも日本列島にあるのかを調べないといけない。

B：だろ？　そんなことをしてると海外に埋設場を探すような話になってくるぞ。埋設施設を建設してるスウェーデンやフィンランドに引き取ってもらうかい？　使用済み燃料の「輸出」なんて、ひどい話だ。

C：…君は、包括的燃料供給構想（CFS）ってコトバを、当然知ってるよね？　ウラン輸出国のモンゴルに、日米韓の使用済み核燃料の保管施設を作ろうって計画だ。2011年の春に毎日新聞がスクープした。公害輸出をしようとしてたのは君たちじゃないか！

B：そこだけ強調されると人聞きが悪いな。同時にモンゴルに原発を建設して、国の経済発展を支援しようっていう話だったんだ。今やとん挫した政策だけどね。

C：とことん、君は経済至上主義なんだな。

B：いずれにしても、日本国内で使用済み核燃料を処理しないといけなくなった。再処理してウランやプルトニウムを取り出せば放射能レベルは下がるんだ。やっぱり再処理政策が一番さ。

C：君たちが「国策」として進めてきた原子力発電の後始末の話をしてるんだよ。原発が最初からなければこんな事態になってないんだけどね…。
　　直接処分技術には、あまりの超・長期間性に伴う問題がもう1つある。10万年後の人類にその埋設地を正確に伝えられるのかっていう問題だ。例えば今から10万年前は旧石器時代だよ。この月日をもう一度経過するということ自体が、人間の想像力を越えてしまう話さ。10万年後、言語が現在と同じだとも限らない。こんなロング・スパンの政策を人類は行ってきたことがないんだよ。

A：…そもそも放射性物質の量を減らすことはできないのかい？

B：「**核変換**」っていう技術が研究されてるよ。アメリシウムとかネプツニウム、ストロンチウム90を非放射性の核種や寿命の短い核種に変換する技術だ。まだ研究段階だけどね。

C：そういう意味で「もんじゅ」や一部の軽水炉は利用価値があるかもしれない。廃棄物を減らしたり有害度を下げることを目指した研究に特化して使うんだ。即時廃炉よりも現実的な政策だと思うよ。

A：なるほど。再処理が実行されるか否かにかかわらず、放射性廃棄物に対して必要な技術だね。どんな形で行うにしろ、研究は続けていかないといけないようだね。

23. 日本の原子力⑧

A：では次に、直接処分政策の最大の課題を話し合いたい。すなわち「最終処分場の場所」についてだ。今、日本にある14000トンの使用済み核燃料をどこに埋めるのか、だ。

C：ああ。これは民主主義の根幹に関わる問題だよ。原発はいわゆるNIMBY問題[27]の典型だ。「原発は必要で運営自体は賛成なんだが、自分の家のそばには作らないでくれ」っていう話だ。小さな町やギリシ

---

27) "Not In My Back Yard"の頭文字を使った表現。「施設の必要性は認めるが、近所（裏庭）には建てないでくれ」と主張する態度を揶揄する言葉。

アのポリスみたいな小規模な単位では、皆が身近な問題として討論可能だった。しかし、狭い国とはいえ1億人を超す日本のような国民国家で、原発問題は身近な課題として捉えがたくなっている。福島第一原発事故を日常的に意識する人がどれくらいいるだろうか。

B：まず、繰り返すが、使用済み燃料は「**再処理**」か「**中間貯蔵**」しか認められてないことを確認しておく。中間貯蔵は原発敷地内で数年間冷却して六ヶ所再処理工場への搬出を待つ制度だ。仮にだけど、使用済み燃料を将来「直接処分」することになった場合、やっぱり受入れ自治体の「公募制」になると僕は思うよ。NUMOが高レベル放射性廃棄物に対して2000年に始めたのと同じようなかたちさ。自治体自らの意志表示を伴うなら「押し付け」にはならない。民主主義の要求する「平等性」を満たしていると考えていいんじゃないかな？

C：公募に名乗りを挙げた高知県東洋町が、その後どんなふうになったかを君は知ってるのか？ 町は真っ二つになった。「村八分」に近いことまで起きて、ひどい禍根を残したんだ。今、東洋町は条例まで制定して、反原発を表明してる。

　それにだよ、2014年の秋に、ついに政府は**高レベル放射性廃棄物の最終処分場を国が選ぶ方針**を打ち出したじゃないか！ 公募に頼らず、地層条件から候補地を政府が探すことになったってことだ。

　使用済み燃料の「公募」と言ったって、都市部の自治体が応募するわけがない。目立った産業のない過疎地をマネーで誘導してゴミ捨て場にするような手法は賛成できないね。

B：じゃあ、日本という単位の民主主義でどうやって最終処分場建設地を決めるんだい？「一都道府県・一施設」とか、「人口比例の施設割り当て」とか言い出すんじゃないだろうね？

C：処分場建設地の決定は本当に難しい問題だよ。まず言えることは、今後1年間に2基のペースで廃炉の時期がやって来るっていうことだ。1970年代から平均で1年に2基の原発が建設されてきたからね。福島原発事故後の原子炉規制法改正で、**原発は原則40年で廃炉**になるんだ。その間に新規の原子力発電所を建設しないことが必要だ。そして使用済み燃料をこれ以上1トンも増やさない。これが最低条件だ。

A：それに関連して、僕に1つアイディアがある。政策の移行期間を設ける方法だ。原発即時廃棄も、原発全面推進も難しいならば、その二者択一の思考をやめるべきじゃないだろうか。

C：…具体的にどうしようというんだい？

A：まずC君の言うように、法改正で「直接処分」を可能にすることが前提になる。そのうえで、より長期間の「中間貯蔵」を3つ目の政策として導入してはどうかっていうことだ。「再処理」は技術的にも国際情勢としても先行きに不安が残る。「直接処分」はその処分地決定と処分技術確立にまだ時間がかかる。そこでもう1つの選択肢、「**長期中間貯蔵**」を可能にしておくんだ。もし「もんじゅ」が稼働しないなら、使用済みのMOX燃料の処分までも必要になってくるわけだしね。再処理政策を放棄した国ではすでに一般的な政策になってるものだから、実際の事例研究が可能で現実的じゃないだろうか。

C：3つの選択肢を開放して政策に柔軟性を持たせるっていうことか…。確かに、なし崩し的に再処理政策だけ進められるよりははるかにまともな方法だね。けれど、それでも課題は残るぞ。第一に、プールで冷却を続けていくには外部電源が必要だから、長期の保管は難しいよ。加えて第二に、原発立地自治体が敷地内で「長期中間貯蔵」を認める

かどうかが不透明だよ。

B：そうだ。早く六ヶ所再処理工場に送り出したいわけだからね。

A：第一の課題については、すでに米国なんかで一般化してる**「乾式貯蔵」**が有効さ。冷却水が必要ない空冷式なんだ。だから外部電源が不必要だ。おまけに福島第一原発にあった乾式貯蔵キャスクが津波にも安全なことが、今回の事故で図らずも実証されてしまった。経済的にも安全面でも乾式中間貯蔵は注目に値するよ。
　そして第二の課題…。これはやっぱり民主主義の根本問題に行き着く。原発自治体が発電だけでなく中間貯蔵地としてのリスクも背負うのかっていう問題だ。

C：確か、原発敷地外では青森県むつ市に中間貯蔵施設があったはずだけど、これも六ヶ所再処理工場搬出前の短期貯蔵が前提だしね。

A：**原発立地地域**と、**中間貯蔵施設立地地域**、そして**最終処分場立地地域**…。これをどう確保したらいいのか。どんな決定方法が一番いいのか。多分ここでは結論には至らないような気がするな。日本の民主主義が問われる問題だ。

C：ああ。この問いに答えを出す時間を確保するためにも、「長期中間貯蔵」は必要な選択肢だね。

24. 日本の原子力 ⑨

A：ここまで僕たちは原発のフロント・エンドとバック・エンドに関わる問題を話し合ってきた。基本的に、政府による政策のあるべき方向性が議論の的になってきたと思う。

　最後に、絶対に忘れてはいけないのが、「原発地元」がどんな風に作られてきたのかっていうテーマだ。どうやって住民や自治体が原子力発電所を受け入れるようになってきたのか。

C：そうだね。電力の消費地は大半が大都市部なのにもかかわらず、原発の立地がなぜ「地方」なのかが、僕は理解できないな。

B：広大な敷地が必要なんだ。人口が密集してる土地では難しいんだよ。

C：それだけじゃないだろう？　根本的に原発は危険なものだから、大都市圏に作るなんて非現実的だ。人の住まない広い土地のある過疎地ほど好都合なんだろう？　原発が安全だというのなら、東京や大阪に作ればいいわけだ。都市部に近ければ近いほど送電ロスもなくなるじゃないか。

B：原発は安全だよ。原発を地方に作る理由は他にまだある。用地の取得費も地方のほうが安いから、その分電気料金に転嫁する必要がなくなる。消費者にとって「お得」になってるんだ。

C：大都市の電力消費者に「お得」になってどうするんだよ。原発地元は大都市のために危険な施設を受け入れて、今回の震災で取り返しのつかないことになった。福島第一原発は福島県にあるにもかかわらず、

東北電力じゃなく東京電力のものだ。発電量で日本最大の**柏崎刈羽原発**は新潟県にあるのに、これも東京電力だ。東京のために地方が犠牲になったって言ってもいいよ。

B：電力会社はちゃんと地元自治体の同意を得たうえで原発を稼働させてるよ。自治体の同意を得てから、標準的な16か月の運営、つまり13か月の運転と3か月の点検を実施してるんだ。それに、原発地元にはいろんな経済的恩恵もあるじゃないか。

C：そこがまさに問題なんだ。目立った産業も税収もない地域に、財政収入を見返りに原発受入れを促す…。過疎化の進んだ自治体は、救いの手に飛びつかんとばかりに受入れを表明する…。こんな構造の一体どこが健全なんだ？ 大都市を肥えさせるために地方を使い捨てにしてるようにしか見えないな。

B：「使い捨て」というのは聞き捨てならないな。国土全体が発展するのはもちろん重大だ。けれど隅から隅まで均等に発展するっていうのは難しいことだ。だから地方交付税や国庫支出金なんかで、財政的に立ち遅れてる自治体を援助するのはもちろん、住民のフトコロが直接潤うような公共事業を行うっていうのは、政府の使命なんじゃないか？

C：おもしろいデータがあるよ。2011年に福井県立大学が行った産業連関分析[28]だ。原子力発電による経済効果を一番大きく受けてる部門として、実は「金融・保険業」が1位だっていうデータだ。「建設・電力業」を上回った。これは大手の都市銀行が原発建設時に巨額のお金を貸し付けて、あとで電気料金から返済される仕組みになってるから

---

28) 経済主体間の財貨・サービスの取引を表としてまとめた産業連関表を使用して行う経済分析。

だろうね。住民のフトコロだけじゃなく、大企業のフトコロも潤うようになってるんだね…。

B：原子力は大プロジェクトなんだ。皆がウィン・ウィン関係になってどこが悪いんだ？

C：ひとたび事故が起きれば地元にウィンなんてないだろう？　最悪の可能性を過疎地に押し付けるのはもうやめるべきじゃないのか？

25．日本の原子力⑩

A：良くも悪くも、原発地元はとにかく原子力発電所から大きな影響を受けてきたことは言うまでもない。ここで分けて考えないといけないことがあると思う。B君とC君のコトバにも出てきたが、「自治体」と「住民」を区別することだ。両者に対する政府の施策は違ったものだからね。

B：そうだね。まず、自治体財政について話そう。自治体の財政が潤うものとしてまず挙げられるのが、「**電源三法交付金**」[29]だ。1974年制定の制度だ。この交付金は原発施設や水力発電施設に交付されるわけだが、原発施設への交付額は算定方式の操作で優遇されたものになってるんだよ。

---

[29]「電源開発促進税法」、「特別会計に関する法律(旧電源開発促進対策特別会計法)」、「発電用施設周辺地域整備法」の三法。発電所の建設等を促進し、運転を円滑にすることを目的として、地域に補助金を交付するなどしている。

C：…だからさ、どうして原発が安全なら、他の発電より交付額が優遇される必要があるんだい？

B：安全だということは事実だよ。「事実として安全」だということと、「心理として不安」ということとの差が、原子力発電についてはどうしても埋まらないっていう問題がある。そこに対する「補償」と考えてもらえばいいんじゃないのかな。

C：百歩以上譲って原発が安全だとして、その「補償」の内容にも問題があるぞ。電源三法に基づく交付金の交付期間は最初は運転開始時までってされてたはずだけど、後になって随分長期化されたじゃないか。交付金の使途も福祉サービスや産業振興にも使えるようにされてる。原発施設に関係のないソフト事業にも交付金が利用できるなんて、何か不自然じゃないか？

B：その法改正は2003年だ。1997年の「京都議定書」を履行するのに、CO_2排出のない原発は有用だったんだ。新規原発建設を促すのに、特に問題があるとは思えないけどね。

C：じゃあ、原発が古くなればなるほど、おまけにプルサーマル運転を受け入れるほど交付額が手厚くなってるのも問題ないというのかい？ これじゃあ、地元自治体が原発を早く稼働してくれと訴えるのは当然だ。

B：それだって、やはり「心理的不安」への配慮だよ。自治体が再稼働の早期実現を訴えることにつながってる面は否定できないけど、それはあくまで結果論さ。

C：…結果論ね。地元に配慮してるふりを見せればすべてそれで片付くよな。

A：ところで、電源交付金の財源はいったい何なんだい？

C：電力消費に課税される電源開発促進税さ。電気料金の明細に示されないから意識する人はほとんどいないけど、標準家庭で月120円ほどの負担になってる。結局、日本全体で原発を後押しする構造ができあがってるんだよ。

B：前に君が言ってたNIMBY問題は、おそらく人類史を通じて不可避なんだよ。通常の感覚では忌避されるような施設でも、社会全体のためには作らないといけない。「最大多数の最大幸福」を目指さないといけないんだよ。

C：**功利主義**[30]の決まり文句だね。じゃあ、取りこぼされる「少数者」はどうなるんだい？　原発のそばにある老人福祉施設や病院の人たちはどうなるんだ？　原発事故が起きたとき、1時間の車の移動が命に関わる患者や老人を見捨てられるのかい？

B：そうは言ってない。今、原発周辺自治体は事故の際の避難計画を策定してる真っ最中だ。

C：住民全員が30km県外に避難するのに何十時間もかかる地域が複数あって、それが問題になってたよね。

---

[30] 政策の評価は、その政策の結果として生じる実利・利益・効用で評価すべきだとする思想。

B：それには今後、いろんな対策が講じられるはずだよ。

C：当たり前だ。もちろん、原発がなくなればそんな必要がそもそもないんだけど、すぐ全廃というのは無理そうだしね…。

A：即時撤廃が難しいのは、政府や電力会社や製造メーカーのシガラミだけが問題じゃないと思う。前に、青森県が再処理政策を中止することに断固反対してるっていう話が出てきた。自治体が原発から「離れられない」ような構造が、電源交付金以外にもたくさんあるはずだよね。

C：ああ、その話を続けよう。原発自治体の租税収入も、自治体が原発に「ノー」と言うことを困難にしてる。まず当然に、市町村税たる**固定資産税**だ。固定資産税は都道府県じゃなくて市町村の財布に入るところがポイントだ。一段小規模の自治体の方が財政は苦しいからね。次に法定外税だ。道府県と市町村は条例によって税目を新設することができるのは知ってるよね？ これが地方税法規定外の、いわゆる法定外税だ。福島や福井、新潟、鹿児島なんかは「**核燃料税**」を設けて、原子炉に挿入した核燃料の価額に課税してるんだ。

B：「三割自治」って呼ばれる自治体の財政状況を、法定外税が改善してるわけだろ？ それのどこがおかしいんだ？

C：根本的な話だが、原子力発電所はただの公共施設じゃないってことだ。原発事故は、性質次第では地域と社会が再建不可能なところにまで至る。それに不可避的に軍事性も持ってる。そこを課税対象にせざるを得なくして税収確保に「追い込む」。税収をエサにした国策施設の押し付けさ。

B：租税負担者は電力会社なんだぞ。電力を供給して上がった利益から税金をとってそれが地方に還元されるんだから、何も問題ないだろ。お互い様じゃないか。

C：租税負担者が電力会社だって？　よく言うよ。電力会社が払う税金は、結局、電気料金から回収して右から左に流してるだけだろ。おまけに公的資金、つまり税金の援助をばっちり受けてるじゃないか。

B：そんなことはない。燃料費や資本費、運転維持費なんかは直接電力会社の負担だ。他の電源とも共通する話なんだから、発電コスト・ダウンのインセンティヴはしっかり働いてるよ。税金の支援なんて受けてない。

C：いや、その燃料費や資本費はよしとしても、他の電源にない原発の特殊な費用に大問題がある。1つは放射性物質の「バック・エンド費用」だ。使用済み燃料や放射性廃棄物の処理費のことだ。調べてみると、これは経済産業省の定めに従って自動的に電気料金から回収して積み立てることになってるみたいだね。つまりコスト引き下げにはつながらないってことだ。もう1つは「政策費用」と「事故費用」だ。特に福島原発事故後は、後者の費用はいくらかかるか想像もつかないレベルになっている。事故収束費に損害賠償費、除染費用に地域再生費用…。この政策費用と事故費用はすべて公的資金で賄われるようだね。つまり、われわれの血税だ。

A：やっぱり原発コストは高くついていて、そのコストは結局、一般納税者に帰するってことになりそうだね…。

C：ああ、その通りだ。極めつけが、電力会社から自治体への「**寄付金**」

だよ。どうして寄付がいるのか不思議でならないな。そもそも不明朗な寄付で電源立地を決められないようにする目的で導入されたのが電源三法、特に電源開発促進税法だ。地方自治を侵した利益誘導にしか見えないよ。

26. 日本の原子力⑪

B：電源交付金と租税収入だけでは不十分と見た電力会社の「善意」だと、君は考えられないのかい？ こういう資金でいろんな福利厚生策が住民向けに行われてきたんだろ？

C：住民ね…。確かにいろんなハコモノが建てられてきたよ。すべてが有意義な施設だとは思えないけどね。
　それよりも、直接「住民向け」にバラまかれた資本の方に大問題がある。自治体向けの施策は、曲がりなりにも法や条例に則ったものだった。寄付金を除けばね。けれど住民へのバラまきは露骨なものがある。

A：じゃあ、ここからは原発地元の住民に関する話をしよう。具体的にはどんな問題があるんだい？

C：まず、原発をテコにした地元の収入上昇がある。電力会社とか関連会社従業員の給料。飲食店や宿泊店の収入だ。地元の企業の電気料金が割り引かれたりもする。誤解のないよう言っておくが、地元収入のアップがおかしいことだなんて言ってるんじゃない。「原子力発電所を

使った利益配分」がおかしいって言ってるんだ。

B：各地の原発では1ヵ所当たり平均して400人前後の正社員がいて、その2～3倍の協力会社の人たちが働いてる。そして間接的に飲食店やタクシー会社が恩恵を被ってる。例えば人口が1万人に満たないような自治体にとっては、原発はかけがえのない一大産業なんだぞ。

C：じゃあ、原発に反対してる人はどうするんだ？ あの巨大な直方体の原子炉建屋に恐怖を感じてる人たちだ。あの巨大な送電施設に故郷を呑まれたと感じてる人たちだよ。そういう人たちも買収しようというのか？

B：「買収」っていう表現はおかしいな。原発に反対する人たちの気持ちはわからないではない。とにかく安全性と経済性を理解してもらって、納得してもらうということさ。それでも反対するっていうのなら、それは自由だ。

C：反対か…。その反対派を、君たちがどうやって見つけ出して監視してきたのかを、僕は知ってるんだぞ。

A：「見つけ出す」だって…？ それはどういうことかな？

C：「**原子力立地給付金**」制度さ。自治体を通した利益還元と違って、住民個人の銀行口座に直接現金が振り込まれる制度だよ。

B：この制度を非難しようというのなら、お門違いもいいところだよ。直接一人一人の地元住民に給付金が手渡されるんだ。その使途は自由なんだから、これほど役に立つ制度はないはずだよ。

C：…では聞くが、この給付を辞退しようという人たちが、どうして電力会社に連絡して書面を提出しないといけないようになってるんだい？「氏名」や「住所」まで記してだよ。電力会社が住民の動向を把握できるようにしてるんじゃないのか？

B：そんなことはない。単に入金にミスがあったらいけないからだろ。

A：この制度の開始はいつなんだい？

C：1981年さ。この2年前にスリーマイル島の原発事故が起きてる。

A：…ということは、新規原発の建設を円滑に進めるための住民対策の側面があると言いたいんだね？

C：その通りだよ。現金が直接給付されるのに、わざわざ辞退するのは反原発の意志が強い人だ。誰がそうなのかを知る手段として、電力会社の現場で使われてきた可能性が高いと僕は思ってる。原発に反対する人たちは、反対の声を上げにくくなるわけだ。

B：まぁ、待てよ。ずっと話してるが、それは「心理としての不安」への補償だって言ってるだろ。

C：補償っていったって…、しかし君ねぇ…。

おわりに

　…3人の議論はまだまだ終わりそうにありません。福島第一原子力発電所事故後の、日本の原子力政策に対する論争は、おおむね3人が繰り広げてきたような論調です。経済か人命か、効率か安全か。"第三の道"を提案する冷静な「賢者」は極めて少数です。

　2015年5月現在、原子力規制委員会において原子力発電所の再稼働審査が進んでいます。2015年4月、それに「待った」をかけるように、新規制基準は合理性に欠けるとして福井地裁が高浜原発3、4号機の再稼働差し止めを命じる仮処分を決定しました。全国の原発再稼働審査に大きな影響を与える画期的な判決かと思われたわずかその1週間後、鹿児島地裁が川内(せんだい)原発への運転差し止めを求める住民の申請を却下しました。原子力規制委員会の新規制基準は科学的知見に基づいていて、不合理な点はないという判決でした。

　私たちは対照的なこの2つの判決を目の当たりにして、議論を徹底的に深めないといけません。「豊かさ」とはどういうことを言うのか、「安心」とはどういうことを言うのか、科学者と市民の間の考え方は離れすぎてはいないか…。

　東日本大震災と福島第一原発事故から月日が少しずつ過ぎていっています。あの日の出来事を日常的に思い出している人は、今やそれほど多くはないでしょう。今回の架空の登場人物たちのディベートが、現実の市民ディベートにつながってほしい、そう願ってやみません。

2015年7月

河村　昌憲

■著者略歴

河村　昌憲（かわむら　まさのり）
　1976年鳥取県生まれ
　立命館大学国際関係研究科修了
　現在、予備校講師・著述業

ディベート・フォー・アトミックプラント
　―原子力をめぐる3人の討論―

2015年8月24日　第1刷発行

著　者　河村　昌憲　　Ⓒ Masanori Kawamura, 2015
発行者　池上　淳
発行所　株式会社　現代図書
　　　　〒252-0333　神奈川県相模原市南区東大沼2-21-4
　　　　TEL　042-765-6462（代）　　FAX　042-701-8612
　　　　振替口座　00200-4-5262　　ISBN　978-4-434-20876-8
　　　　URL　http://www.gendaitosho.co.jp　　E-mail　info@gendaitosho.co.jp
発売元　株式会社　星雲社
　　　　〒112-0012　東京都文京区大塚3-21-10
　　　　TEL　03-3947-1021（代）　　FAX　03-3947-1617
印刷・製本　モリモト印刷株式会社

落丁・乱丁本はお取り替えいたします。　　　　　　　　　　　　Printed in Japan
本書の内容の一部あるいは全部を無断で複写複製（コピー）することは
法律で認められた場合を除き、著作者および出版社の権利の侵害となります。